# 中央

［英］凯利·布莱克曼（Cally Blackman）编　　刘芳 译
［英］海威尔·戴维斯（Hywel Davies）编

# 圣马丁

内含780多幅插图

# 时尚

重庆大学出版社

# 目录

# 前言

当我初次走进中央圣马丁学院时就被人用毋庸置疑的态度告知：如果这个学院的时尚系开始没落的话，那么整个学院也将会走向没落（这是一个很清晰的暗示："要全力守护住这里的时尚系！"）虽然这话有点夸张，但这个专业系的确创作了无数杰出的作品，其数量远超学院内其他专业系，这是中央圣马丁学院身为名校的实力证明。中央圣马丁学院时尚系的非凡之处在于其核心原则：时尚产业的内核是无止境的变革，而时装专业一直紧跟这个内核，在产业内保持着稳定而蓬勃的发展状态。在时尚产业内保持弹性、适应性和前瞻性，这是一个很了不起的成就。

正如本书所记录的那样，在这里，许多伟大且极具影响力的人物来来去去，而专业的精髓不变，并一直在持续性地发展着。它呈现给我们的无关传承接力，不是一个固定化的发展模式，而是态度——由整个学院全体教职员工与学生们共同培育而成。这种态度本身是一种力量，它自然而然却又无法解释——它不可复制，无法模式化，因为它没有可量化的条件。显而易见的是这种态度不是单一的，而是多样性的。中央圣马丁学院时尚系的巨大成功在于：学生们的个性才能在这里得以施展，并成为媒体和公众关注的焦点，他们获得成长，发挥所长。愿此长久。

杰里米·提尔（Jeremy Till）
中央圣马丁学院院长，伦敦艺术大学副校长

1978年，当我还是一名在埃塞克斯郡（Essex）的布伦特里（Braintree）读艺术预备课程的学生时，没有人敢去申请就读圣马丁艺术学院，特别是我，如果被拒绝那会影响我想要离家独立生活的计划。人们谈论圣马丁学院时就好像是在谈论着艺术教育界的"珠穆朗玛峰"——令人望而却步，好像那里只适合创意精英们。1980年的夏天，我来到伦敦生活，这种胆怯畏惧依然没有改变。在那里学习的同龄人似乎拥有那种毫不费力的轻松冷静，这让我更加紧张不安。

看，变化有多大，现在的我已经是伦敦艺术大学的校长了，而圣马丁只是大学的一个分院。现在，我的衣橱里已经堆积了数百件令人赞叹的服装，那是学生们为我制作的。和学生们一起工作时，我经常说："装酷是创造力的敌人。"也许是为了击败对手？更有可能是圣马丁不装酷，它只是一所非常、非常优秀的艺术学院，而闻名于世的时尚系是学院的珍宝。

每年6月，圣马丁学院举办的时装发布会是我们这儿一年之中最具亮点的艺术文化活动。我经常会带着朋友们来参加，他们离开时都会很激动，就好像是参加了一场轰动了整个伦敦西区的音乐会，这就是毕业生们的活力与敢于冒险的影响力。时尚系如何能始终如一地培养出优秀的人才？每所艺术学院都有自己的理念、基调，乃至一种教育文化。这是由各自院系内的教师们建立形成的，其中许多人已经在那里工作了几十年。他们对学生们了如指掌，他们懂得如何去发现和培养出优秀的人才。这种理念也是学生们自己传承下来的。新生从学长那里汲取经验和敏锐的感觉——这就是我们的学院精神。

那么这是一种什么样的精神？我认为，它是一种对美无拘束的追求；它驰骋于秀场上，大笑着、斑斓着，不受商业主流的左右，它从师生们的眼睛里获得赞许。在圣马丁的时尚系学习，艺术观念是首要的，而服装则是第二位的。

格雷森·佩里（Grayson Perry）
伦敦艺术大学校长

作为一个刚来到这所大学的新人，我感到圣马丁学院是一个令人着迷的地方，我不仅仅看到了时尚的外在，还从中看到了活力、梦想、故事、挑战、荣耀和不受阻挡的感情流露。我看到了很多令人赞叹的想法、探索、雄心，结合了技术娴熟的制作，这里的时尚课程已经成了外校相关专业的风向标，所以我也一直被吸引着，不停地凝望向这里。

现在，我很荣幸见识到了这些创作的幕后，了解到背后故事。幕后的世界是超凡脱俗的，是思想的外在表达，我体会到了一些更人性化的表达。我看到这里的时尚团队就像一个“大家庭”，他们相互关怀、相互支持。我看到了他们对每个年级学生们的奉献精神，也看到了工作室与工作坊的师生之间共享资源、互相交流、分享经验。能够被邀请加入并成为其中一员，这是我的荣幸。

瑞秋·迪克森（Rachel Dickson）
中央圣马丁学院时尚设计学科主任

从20世纪70年代作为这里的学生到2006年任职时尚设计学科主任，中央圣马丁学院的时尚精神已融入了我的全身心。从个人和专业经验来看，我可以肯定地说中央圣马丁学院的时尚教育可以改变人生。曾在这里求过学的国际学生们，我们的校友和我们的院校教师学者们，从他们身上可以很明显地看到这种改变，在现今的时尚界他们都已经成为很有影响力的一群人。

中央圣马丁学院始终坚定不移地致力于培养专属于每位学生的各自鲜明特色，时尚系专注于时装设计和时尚传媒。时装设计课程提供的教学空间环境，打破了常规，应用了新的教学方法，并在传授工艺技术和专业技能的同时培养学生的个人创造力。

这就是我们的教育观点，它得到了学生们和教职员工们以及业界的认可，这是非常珍贵的，是必须受到保护的。

安·史密斯（Anne Smith）
中央圣马丁学院时尚设计学科主任（2006—2018）

中央圣马丁学院是最好的选择。有多少优秀的学生就会有多少优秀的教职员工。同样，有了这么多优秀的教职员工就会出现更多优秀的学生。

人们经常会问我对中央圣马丁学院的感觉如何。我会说：“还好吧，直到我们拥有了一座新的教学楼，这才是也会永久是‘中央圣马丁学院’，这是‘圣马丁（艺术学院）’加‘中央（艺术与设计学院）’的并称。‘中央’意味着很具有绅士风度，彬彬有礼的，就像是大英博物馆，费兹罗维亚和布鲁姆斯伯里（Fitzrovia and Bloomsbury，伦敦的两个重要中心商业和艺术街区）那种感觉。但是‘圣马丁’像是街上的斗士，会直接出拳击向你的鼻子。这里是一个竞争激烈、极具侵略性的地方，从某种程度上来讲这里是通向成功的一种途径。”

如果想要成为世界上最伟大的学院就必须要不断地去努力，因为有很多紧随你脚步的同行试图将你从王座上拉下来，而事实上，我们要做到积极地面对问题，不要消极应对，要提出有建设性的自我批评。我们要求我们的学生要不断求新求变，要不断地展望未来、自我更新。这就是我们在这所学院里一直在试图去做的事情——为了未来而努力。

简·拉普利（Jane Rapley）
时尚专业系主任（1989—2006），学院院长（2001—2012）

# 序言

本书介绍和赞颂了世界上最著名的艺术学院时尚系，通过学院校友和员工们的讲述整理记录了学院的发展历史。成百上千的学生从这里毕业。其中一部分已经成为家喻户晓的设计师，还有些成为时尚的幕后推手，而更多人则在为全球的时尚产业贡献着自己的力量。我们的使命就是要全身心地关注这些已经毕业的学生在校时期的学习经历——他们在学习期间思想的形成，在中央圣马丁学院的学习经历对他们产生的重要影响和这里的老师们对他们的影响——以及我们能看到这些影响将反映在他们日后的创作中。

凯利·斯图尔特·威廉姆斯（Cally Stuart-Williams），别名：凯利·布莱克曼（Cally Blackman），1975年

我们几乎翻阅了中央圣马丁学院博物馆和时尚系内的所有文献资料，并尽可能多地联系了我们能够联系到的校友和员工，从他们手里获取了很多资料，其结果就是我们在这本书里可以看到大量的素材，包括从设计手稿、时装插画、图片和秀场图到点滴的记忆以及回忆录——这些都是宝贵且丰富的财富，我们又被特别委托在此之上增加了一些阐述学院特色的文字部分。

海威尔·戴维斯（Hywel Davies），1994年

在这本书编撰的过程中，我们希望找出这所学院时尚系的成功秘诀。有几个很明显的关键因素：学院处在一种不拘泥于传统的艺术环境氛围中，这里的思想体系就是要自由地创作；学院位于伦敦市的中心地带；更重要的是，这里有最敬业的教职员工们。

这里的教职员工们没有可遵循的教学方法论；反之，他们会抱有一种心照不宣的默契精神，那就是对挖掘学生潜力的全身心投入，以及在课业实践中向学生们毫无保留地传授自己的时尚知识和经验。本校的许多毕业生都回到学院任教，形成了一种“良性循环”，不断地将学院的教学精神重申和延续。这一教学蓝图是由米瑞尔·潘伯顿（Muriel Pemberton）创建的，她在20世纪30年代初创办的时尚学校是她留给学院最宝贵的遗产。

时尚业是一个极为重要的行业；一个价值亿万美元的全球化产业，被光鲜亮丽的外壳包裹着，掩饰其苛刻和要求极高的文化内核。在时尚业内获得成功非常不易，它需要艰苦努力的奋斗，经历令人抓狂的挑战与压力。时尚可以是动人的，让人兴奋不已的，有趣的和催人奋进的，会带有政治倾向性且变幻莫测。

为编撰这本书所做的一切，就像是经历了一次在圣马丁学院从事教学工作般的体验，让我们感到非常荣幸，能有这样的机会与出色的教职员工和才华横溢的学生们合作，并向那些无论是过去还是现在为学院付出努力的优秀的人以及学院的成功表示敬意——虽然我们不可能接触到所有的人或是了解关于学院的每一件事——但我们已经尽了最大的努力。

这本书的内容得益于“良性循环”圈子中的人们和中央圣马丁学院的优秀教职员工们的慷慨相助。我们非常感谢他们所有的人。

本书的销售收入将归中央圣马丁学院所有，用于时尚专业类项目，资助该系学生和课程。

凯利·布莱克曼和海威尔·戴维斯，2019年

对页图：中央圣马丁学院时尚系宣言，由斯科特·金（Scott King）于2015年制定。

ARDOUR
FERVOUR
RIGOUR

激情
热忱
严谨

PULL APART
PROVOKE
SUBVERT

分裂
挑衅
颠覆

HAVE COURAGE
HAVE CONVICTION
HAVE FEAR

要有胆量
抱有信念
要有敬畏之心

BE BOLD
BE HUMBLE
BE APPRECIATIVE

要大胆
要谦虚
要心存感激

DESTROY THE CULT OF THE FUTURE
CARRY A PENCIL

破坏对未来的狂热
带上一支笔

CENTRAL SAINT MARTINS FASHION MANIFESTO
中央圣马丁学院时尚系宣言

# 学院历史

圣马丁学院始建于1854年，是位于伦敦的、建校最早的艺术学校之一，名字取自校址所在地圣马丁教区，英国19世纪末的女性时尚杂志《女王报》（*The Queen:The Lady's Newspaper*）在1884年的一期报道中描述这所学校为附近那些被称为“街头的工匠们”的年轻男女提供了工业设计与艺术教育的机会。其名字的由来后来得到证实是源于一位圣人的名字：圣马丁是4世纪法国图尔的一位主教，他用剑将自己的斗篷切成两半，其中一半分给了一名乞丐——这一行为预示着圣人慷慨的精神和宽容的行为，也体现了以这位圣人名字命名的艺术学院与服装有着不可思议的联系以及非凡的意义。

这所学院最初坐落于考文特花园（Covent Garden）的长英亩商业街（Long Acre）北侧的城堡街上，现在叫谢尔顿（Shelton）街。它于1895年从教区独立出来，在接下来的半个世纪迅速扩大规模，1891年有学生68人和教师6人，到1901年人数增长为学生154人、教师21人。如1902—1903年的学院简介所示，学习“艺术”与学习“工艺”的教学日程在时间安排上有所不同。日间课程（上午10点—下午4点）安排有绘画、设计、造型、绘画写生，这些课程吸引了“众多悠闲的年轻女士”，而夜间课程（晚上7点—9点半）则安排的是几何与机械制图课程，是为英国银器匠人和从事车厢制造业的人们所设立的。到1913年，这里的学生人数已超过300人，日间课程的人数日益增长，包括随后增设的周六日间课程人数。夜间课程的人数也在不断增长中，课程内容在原有基础上增设了初级和高级艺术刺绣针法课程。1913年11月，圣马丁学院迁入新址——查令十字路（Charing Cross Road）107号，这里曾是一所院校旧址所在地，由伦敦市议会（London County Council，缩写LCC）出面租用这处旧址30年的使用权，并于1914年初重新正式开放。

1937—1938年学院规模持续扩大，在校学生人数已增长到700人（其中包括很多参加兼职课程的学生），又经过一段时间，临时搬迁至查令十字路15号；学院于1939年重新开放并搬回位于同一条路上107—9号的一座“保守现代主义”风格的新教学楼内，与分销业技术学院共用，这两所学院都是由伦敦市议会设立维护的。

在接下来的20年里，部分专业学院被撤到剑桥，而该学院作为一家以艺术与设计为主的学院被保留并稳固地建立起来。到1961年，学院为500多名学生开设了全日制课程，《观察家报》（*The Observer*）曾这样描述道：“一群乱糟糟的年轻人成群结队地来回穿梭在圣马丁学院的走廊上，在查令十字路上的这个蜂巢内嗡嗡作响。”

尽管一直会有关于该学院要被迫关闭或迁移至英国南岸的谣传和负面消息，但最终什么也没发生，学院的全球声誉在持续扩大着，随之而来的是院校的空间容量成为一个急需解决的问题：临时的解决方案是扩充占用周边位于阿彻街（Archer Street）、查令十字路145号、希腊街（Greek Street）上的建筑设施并在1979年扩展到了长英亩街。

查令十字路107-9号建筑外部，1939年。

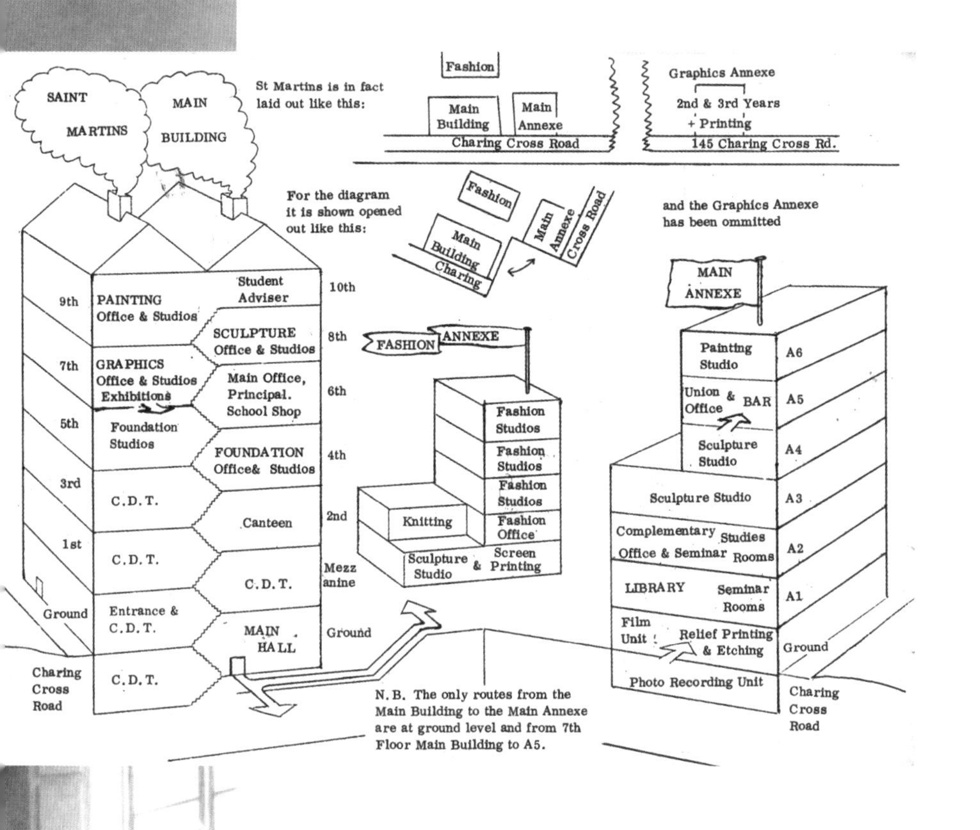


这些额外增设的教学楼为日益成功的美术、平面设计和时尚课程提供了发展空间，但到了1980年，只有希腊街和长英亩街上的教学楼被保留了下来。在此之前，如左图的查令十字街区校内构建图所示，时尚系位于圣马丁学院的中心位置，在学院的两座主教学楼后面，被设立在一栋经过翻修的位于希腊街上的附属教学楼内。时尚系是在20世纪70年代初迁到那里的，接下来的20多年，时尚系就一直被安置在那栋附属教学楼内，印染工作室被设立在一楼，通过外部金属楼梯可以到达各楼层。到了1994年，时尚系被迁回至主教学楼的1—3层，之前位于希腊街附属教学楼的印染工作室被改建成了学院图书馆。

20世纪80年代，伦敦教育机构内部整改将艺术与设计学院重组合并为联合学院模式。1986年1月，圣马丁学院成为伦敦学院的组成学院，3年后与中央艺术与设计学院合并成为中央圣马丁艺术与设计学院（CSM），继而学院又划分为三大专业系，分别是：艺术、时尚与纺织、平面与工业设计。原圣马丁学院的时装设计专业系与原中央艺术与设计学院的纺织系合并成为时尚与纺织专业系，尽管这两个专业在地理位置上没有被安置在一起，分别位于查令十字路和南安普顿街（Southampton Row）。2004年原伦敦学院更名为伦敦艺术大学（University of the Arts London，UAL），2006年它又合并了温布尔顿艺术学院，目前的伦敦艺术大学由六家艺术与设计学院组成，它们分别是：中央圣马丁学院（全称是中央圣马丁艺术与设计学院，现在已成为众人皆知的名字）、切尔西艺术与设计学院、坎伯韦尔艺术学院、伦敦传媒学院、伦敦时装学院和温布尔顿艺术学院。

到了千禧年，中央圣马丁学院运营分散开的各个校区成本已经越来越高，到了难以维持的程度，于是在2011年学院决定将分散的各个校区搬迁至一处位于国王十字街区（King's Cross）翻新过的旧粮食仓库区，占据了国王大道（King's Boulevard）的制高点，被称为"知识区"的重要位置。新校区位于伦敦最繁忙的交通枢纽中心，周围遍布着全球高科技公司、创意企业、出版发行公司和地方政府办公室以及高端零售商店等，现在的中央圣马丁艺术与设计学院正处在英国文化景观的中心位置。

背景图：查令十字路建筑内部，1939年。上图：查令十字路校区构建图，约1980年。

# 第一章：1932—1969年

圣马丁学院时尚系的创始人是米瑞尔·潘伯顿（Muriel Pemberton，1909—1993）。她毕业于特伦特河畔斯托克城（Stoke-on-Trent）的伯斯勒姆艺术学院（Burslem School of Art），在1928年获得了伦敦皇家艺术学院（the Royal College of Art，RCA）的奖学金，在那里学习绘画课程。一年后，她转入设计系改学设计课程，并自学研究创建了一个时装设计课程体系，通过该课程的学习后，她在1931年获得了第一个时装设计文凭。在此之后，米瑞尔创立的这个课程体系被约翰·罗素·泰勒（John Russell Taylor）称为“全国所有时尚课程的蓝图”。她所创建的课程核心要素至今仍然被中央圣马丁学院所保留与传承，其课程的核心要素是要具备技术与技能，要具有艺术性与敏锐的美学感知力，要谨慎深入的研究，要有创作的自由。

实际上，潘伯顿是一位艺术家而不是设计师，她的画作会定期在皇家艺术学院的夏季展上参展，1932年1月，尽管她年轻并缺少教学经验，但院校委员会一致同意了对她的任命，她首次被聘为圣马丁学院的一名“日间时装绘画课程的客座讲师”。从生活中汲取经验是她教学实践的基础，她接受这份工作的条件是必须使用真人模特。她也成就了自己成为一名成功的时装插画家，她的时装绘画作品曾多次被发表在“*Vogue*”《大使》（*The Ambassador*）和《新闻纪事报》（*the News Chronicle*）上。

在1938—1939年的学院简介上显示，潘伯顿在每周三教授时装设计课程，周一和周四上午10点至下午4点教授时装绘画课程。接下来的第二年，“服装设计”课程被描述成是一门“以提升服装品位为目标的全方位实践课程，而不应受潮流趋势所影响”。此时潘伯顿被正式任命为时尚与纺织专业系第一任系主任。她的姐姐菲利丝·约翰逊（Phyllis Johnson）教授服装制版课程，波琳·史蒂文森（Pauline Stevenson）负责带领学生们去维多利亚和阿尔伯特博物馆（Victoria & Albert Museum），参照展品实地写生。

几年后，潘伯顿的教师团队发展壮大，很多毕业生也加入进来，包括汉娜·威尔（Hannah Weil，1946年毕业）；伯纳德·内维尔（Bernard Nevill，大概是1953年毕业），之后他被任命为皇家艺术学院纺织专业教授；英国品牌赫迪雅曼（Hardy Amies）的创意总监，肯尼斯·弗利特伍德（Kenneth Fleetwood，1954年毕业），莉迪亚·凯梅尼（Lydia Kemeny，1944年毕业）；鲍比·希尔森（Bobby Hillson，1952年毕业）；雅各布·希勒（Jacob Hillel，1961年毕业）；格拉迪丝·佩林特·帕尔默（Gladys Perint Palmer，1962年毕业）；伊丽莎白（卢）泰勒[Elizabeth（Lou）Taylor，1962年毕业]；肖库·哈基米（Shokooh Hakimi，1963年毕业）；斯特拉·布鲁克斯（Stella Brooks，1963年毕业）。到了1965年，高级定制时装屋拉萨丝（Lachasse）的彼得·刘易斯-克劳恩（Peter Lewis-Crown）负责担任时装剪裁课程的主讲教师，莫妮克·海伊（Monique Hay）和维拉·南（Vera South）担任服装制版课程讲师，维拉·沃林特（Vera Watling）任服装结构工艺课程讲师，以及娜塔莉·吉布森（Natalie Gibson）任面料印染课程讲师。

20世纪50年代，时尚系的毕业时装秀已经成为一项重要盛事，一份关于学院百年校庆（1954年）的报告里记录了这期间毕业时装秀上的服装系列，并强调了时尚系国际化的融合构成，其中包括来自泰国、埃及和南非的留学生们的作品。到了20世纪60年代，毕业于伦敦圣马丁学院和皇家艺术学院的设计师会被视为比巴黎设计师更具有时尚眼界与能力的人，《周日电讯报》（*the Sunday Telegraph*）就曾报道称，巴黎将不再是时尚领域的“独裁者”。

潘伯顿于1975年退休，1963年她参与监督并完成了将原有的国家认证设计专业文凭（NDD）修改为艺术与设计专业文凭（Dip AD），并在1974年被授予荣誉文学学士学位（BA Hons）。她还担任过政府的艺术顾问，校外评审官和马奇·加兰（Madge Garland）的客座顾问，马奇·加兰于1948年成立了皇家艺术学院的时尚系。潘伯顿是时尚教育界里极具影响力的人物，她为时尚教育事业的全情投入与勇气将被人们一直铭记于心。

## TIME TABLE OF DAY CLASSES

Except where otherwise stated Day periods are 10—1 and 2—4

| Day and Subject | Hours of Meeting | Teacher |
|---|---|---|
| **Monday—** | | |
| Drawing and Painting from Life (Figure) | 10—4 | Mr. Underwood |
| Animal, etc. Drawing .. .. .. | 10—4 | Mr. Swan |
| Design (or Museum Visit) .. .. | 10—1 | Mr. Flanagan |
| Picture Making .. .. .. | 2—4 | Mrs. Durell |
| Fashion Drawing .. .. .. | 10—4 | Miss Pemberton |
| Pen and Ink Drawing and Illustration | 10—4 | Mr. Lomax |
| **Tuesday—** | | |
| Drawing and Painting from Life (costume) | 10—4 | Mr. Guthrie |
| Still Life, Landscape Painting .. | 10—4 | Mr. Craig |
| Lettering and Design .. .. .. | 10—4 | Mr. Rowe |
| Drapery Study .. .. .. .. | 10—4 | Mr. Swan |
| Light and Shade Drawing .. .. | 10—1 | Mr. Litten |
| Elementary Design .. .. .. | 10—1 | Mr. Flanagan |
| History of Art and Design .. .. | 2—4 | Mr. Flanagan<br>Mr. Coombes |
| Modelling : Life, Antique and Design | 10—4 | Mr. Wilcoxson |
| **Wednesday—** | | |
| Drawing and Painting from Life (Figure) | 10—4 | Mr. Morley |
| Lettering, Lay-outs Elements of Commercial Design | 10—1 | Mr. Mansell |
| Modelling : Antique and Design ..<br>Anatomy .. .. .. .. | 2—4 | Mr. Wilcoxson |
| Drawing for Commercial Design .. | 10—4 | Mr. Rowe |
| Lettering .. .. .. .. | 2—4 | Mr. Coombes |
| Still Life and Landscape Painting .. | 10—4 | Mr. Craig |
| Textile and Pattern Design, etc. .. | 10—4 | Mr. Flanagan |
| Drawing from the Antique .. .. | 10—4 | Mr. Swan |
| Nature Study .. .. .. | 10—4 | Mr. Flanagan |
| **Friday—** | | |
| Drawing and Painting from Life (Figure) | 10—4 | Mr. Pitchforth<br>Mr. Morley |
| Pen and Ink Drawing .. .. .. | 10—1 | Mr. Litten |
| Lettering, Lay-outs, Elements of Commercial Design .. .. | 10—4<br>2—4 | Mr. Rowe<br>Mr. Mansell |
| Still Life Painting .. .. .. | 2—4 | Mr. Litten |

## TIME TABLE OF EVENING CLASSES

Except where otherwise stated the periods are 7—9.30

| | |
|---|---|
| **Monday—** | |
| Drawing and Painting from Life .. .. .. | Mr. Jones<br>Mr. Hodge |
| Modelling from Life .. .. .. .. | Mr. Wilcoxson |
| Poster Design and Illustration (6.30—9) .. .. | Mr. Lomax |
| Still Life Painting .. .. .. .. .. | Mr. Ziegler |
| Drawing from the Antique .. .. .. .. | Mr. Swan |
| Composition .. .. .. .. .. .. | Mr. Litten |
| Design (Commercial) .. .. .. .. | Mr. Horonzick |
| Fashion Drawing (6.30—9) .. .. .. .. | Miss Barnes |
| **Tuesday** | |
| Drawing and Painting from Life (Figure) .. .. | Mr. Litten<br>Mr. Budd |
| " " " " " (Costume) .. | Mr. Jones |
| Modelling from the Antique and Design (Students are encouraged to carry out their designs in stone, marble, etc.) .. .. .. .. .. | Mr. Wilcoxson |
| Lettering (Elementary) .. .. .. .. | Mr. Coombes |
| Lettering and Commercial Design (Advanced) .. | Mr. Rowe |
| Drawing from the Antique .. .. .. | Mr. Swan |
| Perspective and Geometry .. .. .. .. | Mr. Horonzick |
| **Wednesday—** | |
| Drawing and Painting from Life .. .. .. | Mr. Pitchforth<br>Mr. Jones |
| Modelling from Life .. .. .. .. | Mr. Wilcoxson |
| Still Life Painting .. .. .. .. .. | Mr. Ziegler |
| Lettering, Illumination and Commercial Design— (Advanced) | Mr. Rowe |
| Drawing from the Antique .. | Mr. Swan |
| Design (Commercial) .. .. .. .. | Mr. Horonzick |
| General Intermediate Drawing .. .. .. | Mr. Swan |
| **Friday—** | |
| Drawing and Painting from Life .. .. .. | Mr. Jones<br>Mr. Hodge |
| Modelling from Life .. .. .. .. | Mr. Wilcoxson |
| Poster Design and Illustration (6.30—9) .. .. | Mr. Lomax |
| Still Life Painting (Outdoor Sketching during the Summer months. Special permission has been | Mr. Ziegler |

P12-P13图：时尚系学生正在熨烫礼服，1953年。本页图从左上起顺时针方向：巴黎风格时装画速写手稿，出自米瑞尔·潘伯顿，20世纪50年代；在查令十字路上的一处消防通道上的时装秀，约1952年；1938—1939年圣马丁艺术学院简介；时尚系的学生们正在维多利亚和阿尔伯特博物馆内画写生，20世纪50年代。

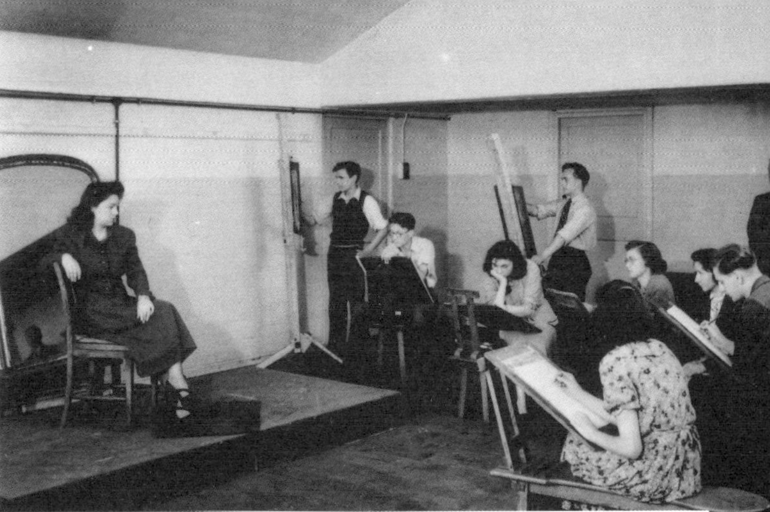

本页图从左上起顺时针方向：时尚专业的学生在认真地工作，1953年；身穿礼服裙的模特正在查令十字路的台阶上展示着新设计，20世纪50年代；时装片，20世纪50年代；20世纪40年代末，时尚系教室里的学生们；真人模特静态写生课，1949年；时装绘画课，20世纪40年代末；时尚系绘画教室，20世纪40年代末。

本页图从上至下：时装片，20世纪50年代；教职员工与学生们合影（1962—1964年）；C.艾维（C. Alvey）的三种不同风格的时装设计，约1968年。

对页图：出自C.艾维的时装设计作品，1969—1970年。本页图从左上起顺时针方向：C.艾维的时装设计作品，1969—1970年；未知设计师的时装设计作品，1969—1970年；珍妮特·博伊斯（Janet Boyes）的两件设计作品，1969—1970年。

# 米瑞尔·潘伯顿（Muriel Pemberton）

时尚系创始人

玛丽·麦克劳格林（Marie McLoughlin）撰文

我所认识的米瑞尔·潘伯顿是一位身材矮小、有些圆润，装扮并不精致的人——这与国际知名时尚系创始人的形象相去甚远——尽管她确实身上披着一件邦妮·卡辛（Bonnie Cashin）设计的旋涡状皮质斗篷。她在圣马丁学院担任教职工作44年，同时又是一名出色的插画家，一位有名的水彩画艺术家。1937至1976年，她在皇家艺术学院参加展出的画作有49件之多。

1931年，她在拿到皇家艺术学院首次颁发的第一份时尚专业文凭之后，立即来到圣马丁教授夜间的时装绘画课程。当时的圣马丁还是一所除了时装绘画课程之外不提供其他任何设计教学的艺术学校。当时设计专业还是同区域内的邻居院校——中央工艺艺术学院的权威领域。在圣马丁工作的几年里，潘伯顿创建了今天的时尚系的基础原型，在日益增加的课程内容中加入了服装制版和博物馆写生课程。在第二次世界大战前，她被任命为官方的评审官，后来成为备受人尊敬的时尚系主任。在1960年代如寒流般快速的教育改革中，在她的推动下建立的高等艺术学校课程体系得到了承认，等同于大学院校的授课体系，由此可见她对时尚教育的贡献是巨大的。

潘伯顿即将退休时我遇见了她，那时的圣马丁学院已是能够授予时尚学位的7所艺术院校之一，而学院每年的招生名额仅有36人，竞争非常激烈。我是带着申请目的来到这里的，在听到我在伍尔弗汉普顿大学不愉快的学习经历后，潘伯顿力劝我申请来这里就读。30多年来，我始终相信她在我身上看到一些隐藏的内在品质。我现在懂得了，当时她看出了我渴望急于逃离黑暗国度的强烈愿望，在40年前她就帮我做出了最好的选择。

她来自古老的斯托克城，英国的陶瓷之都；更值得注意的是，她在儿童时期就已经显示出绘画方面的非凡天赋，她13岁那年成为伯斯勒姆艺术学院最年轻的学生。若不是因为伯斯勒姆是韦奇伍德（Wedgwood）陶瓷的产地，她的故事可能也就不会再继续了。伯斯勒姆艺术学院隶属韦奇伍德学院，该学院设有博物馆和图书馆，是一所非常优秀的艺术学院。1851年，英国伦敦举办了万国工业博览会（世界博览会）之后不久，这家艺术学院在亨利·科尔（Henry Cole）的帮助下参照了他之前建成的南肯辛顿博物馆构建，学院的图书馆和院校的建筑设计也参照了名气更大的维多利亚和阿尔伯特博物馆、国家艺术图书馆和皇家艺术学院。在伯斯勒姆毕业以后，潘伯顿顺其自然地进入了皇家艺术学院进修学习，在那里她遇到了一位重要的设计课程指导教师雷科·卡佩（Reco Capey），他同样毕业于伯斯勒姆艺术学院，他在教授设计课程的同时又身兼雅德利（Yardley）美妆品牌的设计总监一职。

潘伯顿作为一名非常有天赋的学生，在精英聚集的皇家艺术学院赢得了一席之地，该校院长威廉姆·罗森斯坦爵士（Sir William Rothenstein）亲自为她授课，威廉姆爵士曾在19世纪末的巴黎学习艺术绘画并结识了图卢兹-罗特列克（Toulouse-Lautrec）。潘伯顿所绘的时装画那轻松的运笔、流畅的线条、综合性的绘画风格就是受了那一段时期的学习影响。她对潮流“趋势”有着敏锐的嗅觉，这在她之后的职业生涯中起了很大的作用。因此，在第二年学期开始的时候，她要求转学到声誉较低的设计系去学习。1920年代中期发生了一些很有趣的事情，保罗·纳什（Paul Nash）的自我描述是我是“一名从未经历过战争的战争艺术家”，他曾在学院教授过一段很短期的设计课程，他在这段短期课程上讲解了木刻与版画技艺。他教过的最有才华的两名学生是艾里克·拉斐留斯（Eric Ravilious）和爱德华·鲍登（Edward Bawden），他们毕业之后就加入了皇家艺术学院的教职团队，可以肯定的是他们都曾是潘伯顿的老师，因为在潘伯顿那一时期的画里可以看出与他们的作品有着明显相似的画风；如今他们被视为英国学院水彩画派的重要代表人物，这是一个新浪漫主义学院画派，在战争时期带有忧郁色彩风格。

背景图：查令十字路上教学楼外观，1939年。本页图从上顺时针方向：米瑞尔·潘伯顿正在授课，20世纪50年代；米瑞尔·潘伯顿的巴黎风格速写手稿（Pierre Balmain），20世纪50年代；米瑞尔·潘伯顿巴黎风格速写手稿（Legroux Soeurs：巴黎著名礼帽设计师），20世纪40年代。

设计系的学生被要求必须要主修并专攻某一项艺术类别。拉菲留斯和鲍登专攻绘画与插画；潘伯顿则提出要主修时尚，这是学院内从未设立过的课程类别。她必须创建出一个新的可以被接受的课程体系，并且要以皇家艺术学院的设计课程为标准，符合学院的设计学历认定的基本要求，其中要包括绘画、历史、工艺技术和专业实践课程。之后她在构建圣马丁学院时尚课程体系时将这些课程设为必修的基础课程。绘画已经是潘伯顿的强项之一。在皇家艺术学院，所有的学生每天要参加两个小时的绘画写生课。而在圣马丁，写生课则有些不同，模特们穿着各种样式的服装，主讲教师都是知名的时装插画师，如伊丽莎白·苏特（Elizabeth Suter）、格拉迪斯·佩林特·帕尔默（Gladys Perint Palmer）和霍华德·坦吉（Howard Tangye）。当潘伯顿还在皇家艺术学院的时候，该学院与维多利亚和阿尔伯特博物馆还在共享场地设施，设计系的学生期望通过学习能够画出“优秀的代表作品”，被该博物馆作为1851年世界博览会大展之后的藏品收藏。这也成为皇家艺术学院设计专业教学的基本原则。同样，圣马丁的学生们也会同指导教师罗纳德·威尔逊（Ronald Wilson）和波林·史蒂文森（Pauline Stevenson）花费很长时间在维多利亚和阿尔伯特博物馆学习。关于历

背景图：查令十字路上的学院餐厅，1939年。左上图：米瑞尔·潘伯顿和身穿她设计的Emcar服装系列的模特们一起，*Honey magazine*，1963年10月。右上图：米瑞尔·潘伯顿手绘的俄罗斯舞者，20世纪60年代。

史课程部分，潘伯顿找到了维多利亚和阿尔伯特博物馆印刷与绘画部主管詹姆斯·拉弗（James Laver）作为该课程的授课讲师，这是在他还没有出版他的服装历史著作之前。潘伯顿曾说过他的书中所列举描述的服装历史与民间服饰介绍正是她所需要了解的。她认为自己需要掌握的工艺技术是服装制版，而非缝纫技术，因此，她利用自己可以教授绘画的能力与位于骑士桥附近的卡廷卡（Katinka）服装剪裁学校做交换教学，这家学校由一位曾在巴黎勒龙（Lelong）接受过服装剪裁培训的资深人士经营管理。在专业实习课程阶段，潘伯顿再次运用她的绘画技巧得以在雷维尔与罗西特（Reville and Rossiter）工作，在那里担任速写画师，这是一家专门为玛丽女王提供定制服务的高级时装屋，在这里她能够直观地了解到高级定制的创作过程和近距离接触到最前沿的时尚精英们。

米瑞尔·潘伯顿手绘的朋克造型，20世纪80年代末。

潘伯顿在皇家艺术学院学习时装设计时所构建的这四类课程，后来成了她在圣马丁创建的时尚系的基础必修课程。她是一名出色的水彩画家，是一名备受称赞的《新闻记事报》时装插画家，而绝非仅是一名裁缝。1947年，作为一名时装插画家，她曾绘制并发表过迪奥的“新风貌”，还有皇家婚礼上伊丽莎白女王的婚纱造型。她绘制的那幅诺曼·哈特内尔（Norman Hartnell）为女王设计的婚纱造型插画在婚礼的当天上午就被发表在报刊上，并以粗体字标注着“潘伯顿绘制”。就在同一年，圣马丁学院正式任命潘伯顿为时尚系主任。在任教期间，她同时从事了一些其他工作，为Emcar和英国自由百货公司（Liberty）做设计，并坚持定期带着她的学生们去巴黎参观游览，很显然这些校外花费使得一些院校管理者很头痛。她的余生一直都在从事绘画，也许她更应该作为一名画家被我们纪念，但是圣马丁学院的时尚地位显然要归功于她创建的时尚课程体系所带来的影响力，以及她将时尚视为高等艺术学院的一个重要学科而非仅是缝纫学校的部分教学内容。

玛丽·麦克劳格林（Marie McLoughlin），约1972年。

# 格拉迪斯·佩林特·帕尔默（Gladys Perint Palmer）（获国家认证设计专业文凭NDD，1962年）

时装插画家与教育家

1962—1963年，帕森斯设计学院，纽约
1985—1991年，《旧金山观察家报》（*San Francisco Examiner*）任时装编辑
1995—2014年，旧金山艺术大学时尚学院执行主任
2014年至今，旧金山艺术学院艺术发展部执行副院长

格拉迪斯·佩林特·帕尔默自画像，约1962年。

**在你看来，为什么中央圣马丁学院的时尚系会如此的成功？**

地理位置。它更容易找到顶级的师资力量；更靠近巴黎的时尚。

**你认为中央圣马丁学院的毕业生们是如何塑造和影响时尚的？**

这从加利阿诺和麦昆的身上就可以看出来……

**什么样的教学或教学方式会产生重要的影响？**

米瑞尔·潘伯顿曾经说过："学会规则以后就要尝试去打破规则。"

**你在校任教期间最有趣的回忆是什么？**

在伊丽莎白·苏特的画室里画画。

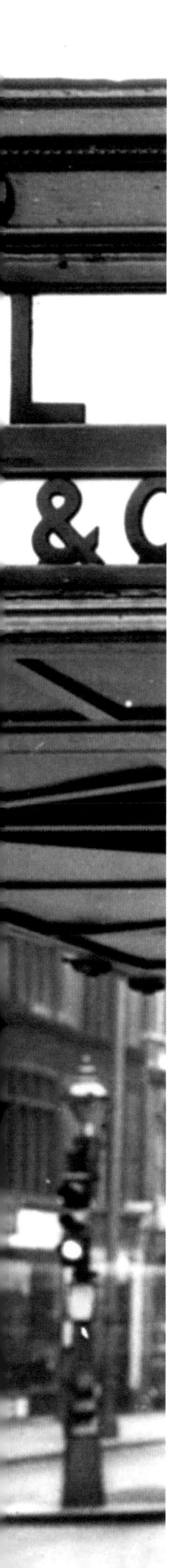

# 米瑞尔·潘伯顿和伊丽莎白·苏特对我一生的影响

格拉迪斯·佩林特·帕尔默撰文

我很喜欢画画。我也非常幸运。我受过良好的教育培养。我的导师是米瑞尔·潘伯顿和伊丽莎白·苏特，那时学院被称作圣马丁艺术学院。

圣马丁学院的教学楼就像是一座很碍眼的混凝土建筑矗立在查令十字路上，被很多性用品店和书店环绕着，在剑桥圆环广场（Cambridge Circus）和圣吉尔斯圆环广场（St Giles Circus）之间。有人把这里比作是一个大型垃圾箱，但这里更像是一个拥有创造力的天堂，我们的导师都是最优秀的，有很多毕业生都先后成为著名的艺术家，比如伊丽莎白·弗林克（Elisabeth Frink）、安东尼·卡罗（Anthony Caro）、爱德华多·包洛奇（Eduardo Paolozzi）——后来他们被授勋成为伊丽莎白夫人、安东尼爵士和爱德华多爵士……

我们那时的教学大纲设计的预科课程是很具有挑战性的，圣马丁学院的预科课程是专门针对高中毕业的初学者开设的。我们的预科课程的教学大纲与几十年后皇家艺术学院专门针对没有绘画基础的艺术家和研究生们所开设的预科课程是完全一样的。课程包括学习掌握一些绘画基础技巧，如速写、古典石膏像素描和景观透视写生。这些课程开设的目的是要求我们精准地画出人体外形，因为在那一时期，还没有概念艺术。

我们的景观透视写生课程在很寒冷的开放空间进行，像是泰晤士河的河畔或是帕丁顿车站的站台。我们被要求画蜿蜒河面上的桥、弯曲的火车轨道，要很准确、非常详细地画出来，因此我们就在那里整整一天，坐着没有离开过原地。

曾有一次在一个大风天里，我的朋友莉斯·史蒂文斯，安·莫比和我在泰晤士河边支起了折叠椅子开始写生。大概一个小时以后，一个警察叫我们离开，但我们拒绝了，因为相比警察我们更怕老师。我们试图解释明白我们必须要在那里完成绘画写生作业，经过一番与警察的吵闹争论后，我们被带到了警察局，并且被指控为“阻挡了人行道”，这在当时是一个怀疑我们卖淫的委婉说辞。我的父亲和圣马丁学院的校长莫尔斯先生都被这件事搞得哭笑不得。

在我们的预科学习时期，我们学会了调和颜色，用真正的绘画颜料而不是毛毡头画笔；学会了用绘画技巧表现出不同的质感与纹理（潮湿树叶和干树叶不同的绘画方法）；通过观察陶土模型来了解三维立体的概念（我曾被后面的一个同学推倒在陶土桶里来取悦伊丽莎白·弗林克）。我们通过画一堆高高摞起的椅子来学习如何表现画面的背景空间，椅子的前腿是笔直的，背面和后腿则是曲线形的。

临近暑假的两个星期前我们就选择好了主修专业并加入到了新课程的学习中。我选的是插画专业。一位严厉的老师训斥我们说：“你们都已经是很有经验的艺术家了，我希望你们在9月份带着画满作品的速写本回来。”

风和日丽的日子里，我们躺在沙滩上不想动画笔一下。当然大家都心照不宣避而不谈。随后，取而代之的是我们进入了时尚专业领域。这是发生过的最好的事。我遇见了米瑞尔·潘伯顿和伊丽莎白·苏特。

潘伯顿——有远见，有影响力，像母亲一样孕育创造了英国的时尚教育体系。她的格言是：“学会规则以后就要尝试去打破规则。”她所创立的圣马丁学院时尚系课程，是从一个晚间的绘画课开始的。

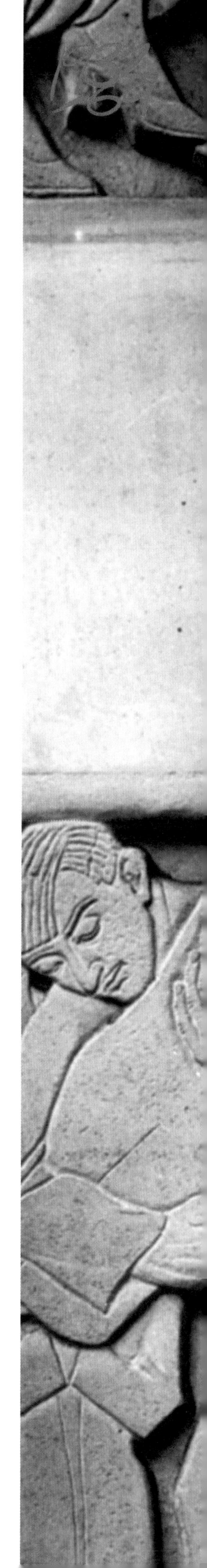

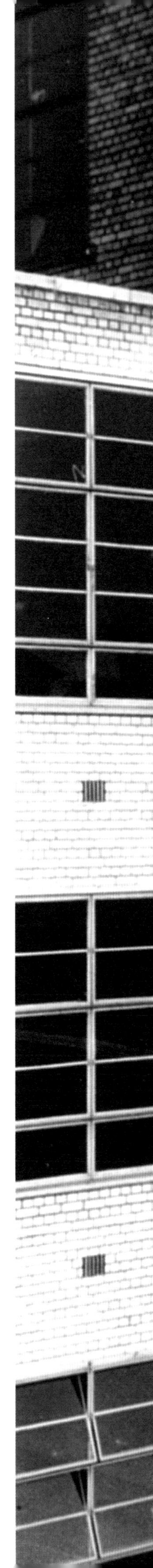

在我进入时尚系的第一年，潘伯顿教我们服装设计，后来她停止了教学工作，因为她有太多的行政工作要做。我很幸运曾受过她的指导。她是我遇到的第一个会赞扬学生而不是一味说教的导师。她给予了我们信心，她会让我们感受到快乐，让我们为可以跟随她学习时尚而感到自豪。

她的授课方式令人欣喜。她会用大量的水粉颜料调和出一些灿烂的、大胆的颜色，并提醒我们，每次一定要充分调和足够的颜料以备用，一旦颜色混合完成后又不够用，那就再也调配不出同之前一样精准的色度了。然后她会先画出人物周围的背景空间，画到边角处会留出空白处。待画纸上颜料干了以后，她会用瑞士凯兰帝（Caran d'Ache）彩色棒、彩色蜡笔或彩色铅笔在空白处添加颜色。画面的背景通常是用这种颜色的叠加来表现的。她是这类表现技法的大师。

透过她在布卢姆斯伯里的公寓就能看出她对色彩的热爱。公寓的房间里都镶着白色的护墙板，在每一块白板上都挂着一幅她的优秀画作。家居上面都铺盖着各种宝石颜色的垫子，还有一大堆靠垫枕头的颜色如同是从她画作背景中挑选出来的一样。我看到的是，那里没有所谓的搭配，而是各种质地和装饰面料的混合。

她同时还很重视食物与心理健康之间的关系。没有什么问题是解决不了的，“要吃绿色健康的卷心菜，亲爱的！”

潘伯顿在1975年离开了圣马丁学院，可能是因为一些事情违背了她的信条，也可能是因为年龄，又或是因为繁文缛节和背后陷害等。随即，她很快就被皇家艺术学院聘请了过去，在雕塑系教编织设计（此处不是打字错误）。那里的学生们受到她的启发设计织造出了美妙的三维立体针织作品，乳白色的色调看起来像是一条传统的装饰用的带子。这是针织织物被视作一种新的艺术表现形式的开端。

与此同时，优雅端庄的伊丽莎白·苏特（1926—2012）是教我时装绘画课程的导师，她的个人着装风格像是那种穿着伊夫·圣·洛朗设计的简约左岸式时装的女人——这直接影响了我的时尚品位。

“让我先坐下来再说。”这是她在课堂上的魔力用语。当苏特坐下来修改我的画时，我会站在旁边。她像一位油画家在填充涂抹着画布从画纸的一角绘至另一角，画出形体的各部分，围绕着形体营造背景细节，或妙笔点缀，然而仍不忘空间留白的力量。她经常会使用6B的铅笔或是炭笔勾画出非常精致的线条，她用色强烈且很微妙。

那时苏特会负责去巴黎绘制新的时装系列，巴黎之行结束后，她会回到圣马丁学院并带上她的时装画给我们欣赏。当然这是在很早之前互联网还没有出现的年代：那时照相机是被禁止带入场内的，所以在时装发布会之后，她会坐在咖啡店里凭着自己的记忆去画出这些时装画。

苏特的时装画大都已经捐赠给维多利亚和阿尔伯特博物馆作为档案归档了，现在如果人们想要看到这些画作，就需要提交繁杂的申请材料和经历没完没了的官僚机构程序——但这是值得的。

As a FASHION student at
ST. MARTIN'S SCHOOL OF
ART, I spent ONE
day a week for three
YEARS at the VICTORIA
and ALBERT Museum
drawing COSTUMES,
TEXTILES, ôbjets d'art
to train our EYE,
DEVELOP taste level and
learn to mix PAINT.
This is an c18 embroidered
CUSHION cover from the
GREEK island of SKYROS.
The rider's RIGHT LEG
POKES out between the
HORSE and the SADDLE
The V-A taught me
early that it is O.K. to
make a mistake BECAUSE
in ART THERE ARE NO
MISTAKES GLADYS PERINT PALMER
2007
PAGE FROM MY STUDENT SKETCHBOOK 1963
GPP


格拉迪斯·佩林特·帕尔默的记录笔记，1963/2007年。

当我还是学生的时候就定下了自己的行为规则；那时的我几乎每天要花80%的时间在苏特的画室里画画。如果我在课堂上被点了名字，莉斯和安会帮我回答“在”，所以没有人会注意到我不在教室里。我曾坐在画室一角的桌子旁，位置就在苏特的眼皮子底下，在我的设计绘画本上曾画过一张模特骑着一只“驴子”的画（有趣的是，这个被模特用来坐在身下的模仿道具，是绘画课上常用的一种低矮木制长椅，在英国被称为“驴子”，在美国叫“马”，在俄罗斯叫“骆驼”）。

有趣的是苏特和潘伯顿之间互相厌恶彼此。

但我却同时爱着她们俩。

p25-p27背景图：查令十字路教学楼建筑外观，1939年。

# 伊丽莎白·苏特(Elizabeth Suter)

## 时装插画家和教育家

1953年被聘为圣马丁学院教职员工，大约在1965—1975年，任时装系副主任。
1975—1977年，任时装系代理系主任。

### 格雷厄姆·穆雷尔(Graham Murrell)撰文

在伊丽莎白·苏特担任主讲教师期间，她成了管理这个较为古怪且愈发松懈的时尚系的核心人物。米瑞尔·潘伯顿是一位无拘无束、行为古怪的大女人，她创立了具有独特创新精神和热忱饱满的圣马丁学院时尚系，她的系主任行政办公室更像是艺术家的工作室（真是好极了），但是这里的课程还是需要系统化组织与运营管理，当然这些都是苏特在负责。

在我任职期间，她是为数不多的几位从未听到过学生对其有负面评价的教职人员之一。有好多学生曾对她为他们所做的一切表达过深深的感激与喜爱之情。她是一位成就卓越的插画家，她影响与启发了很多很多的人。

上图：伊丽莎白·苏特，约1953年。下图：伊丽莎白·苏特与一名学生，约1953年。

A big easy coat, great to wear over the newly revived
trousers and just as right for evening. 1932 -69
ops slightly towards the deep sleeves, drawn in
ightly at the wrist, the pockets good and big.
efinitely a coat where you will need some
ritish Irish and Dutch male minks.

A slip of a coat, narrowly worked with raglan sleeves →

at the ne

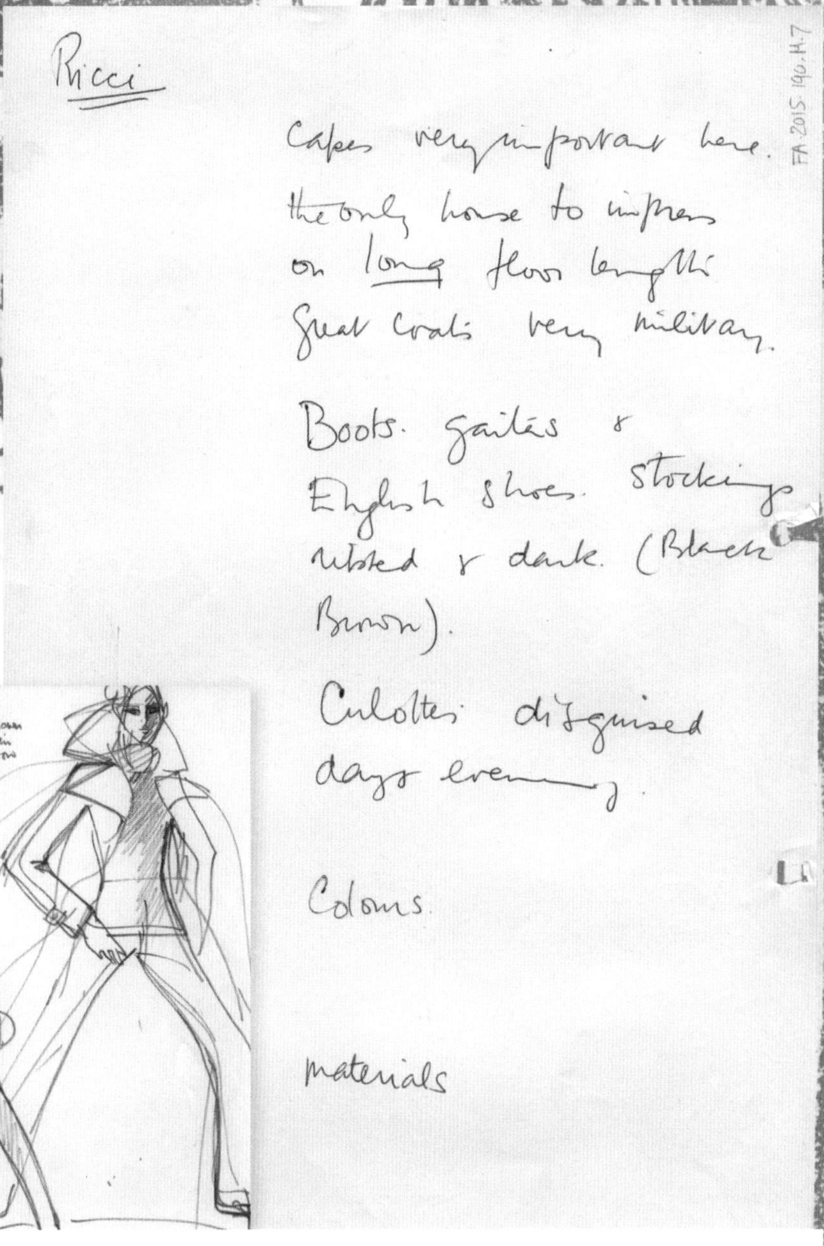

Ricci

FA 2015 190. H.7

Capes very important here.
the only house to impress
on long floor lengths
Great coats very military.

Boots. gaites &
English shoes. Stockings
ribbed & dark. (Black
Brown).

Culottes disguised
days evening

Colours.

materials

Brown Satin Bow

上图：伊丽莎白·苏特的巴黎速写手稿，20世纪60年代。背景图：伊丽莎白·苏特的时装画，20世纪70年代初。

米瑞尔·潘伯顿手绘的比尔·吉布头像，约1964年。

# 比尔·吉布（Bill Gibb）（艺术与设计专业文凭Dip AD，1966年）

时装设计师

1967年 皇家艺术学院
1969年 任品牌Baccarat设计师
1970年 获得年度最佳时装设计和*Vogue*颁发的年度最佳设计师奖
1972年 创建个人公司

林恩·R.韦伯（Iain R.Webb）撰文

“英国的设计师都是会讲故事的人，他们在描述童话，他们是梦想家，我认为这正是比尔·吉布浪漫设计背后的精髓所在。”约翰·加利亚诺（John Galliano）这样描述称，并坦承自己是设计师本人的忠实粉丝。比尔·吉布用他梦幻般的设计影响着时尚的风貌，从欢愉的20世纪60年代顺利转入动荡的70年代。“很久之前从他在圣马丁学院开始，他喜欢将怀旧的具有民族特色的色彩和印花融入他的设计中……我在他的系列设计中收获到很多灵感……设计本身就像是在讲述着他自己的故事与旅程一样。”

吉布偏好将一些非常规的面料，像是格子纹、苏格兰格纹、条纹、斑点纹、利伯缇（Liberty）风格印花和费尔岛混色花型针织（Fair Isle knits）组合在一起搭配运用。现在这些面料与花型似乎都很稀松平常了，因为这些当时所谓的非常规面料在现在已经是时装设计中很常见的面料和设计元素了，但在1969年，当这些面料和设计元素被应用在这位设计师为Baccarat品牌推出的首次时装发布系列中时，这个系列收到了评论家们的热议。吉布的设计在一夜之间成了关注的焦点，1970年1月，*Vogue*杂志用4页版面报道了他的时尚故事并请来莎拉·穆恩（Sarah Moon）掌镜拍摄了他的设计作品，标题为“令人惊艳的混合”十分切题，当时最有名望的英国版*Vogue*杂志主编碧翠克斯·米勒（Beatrix Miller）选中了他所设计的其中一套服装评为“1970年的年度最佳设计”并被纳入巴斯时尚博物馆（Bath fashion museum）收藏。

1943年1月23日，威廉·埃尔芬斯通·吉布（William Elphinstone Gibb）出生在新皮茨莱戈（New Pitsligo）附近的阿伯丁郡（Aberdeenshire）的一个农庄里。他是七个孩子中最小的一个，他的视觉敏感度和天赋很早就显示了出来：青少年时期他就在房间的墙上画满了埃及风格的壁画，把他的姐妹们装扮成中世纪少女的模样。他的老师建议他选择伦敦的艺术大学学习。米瑞尔·潘伯顿曾接受*Vogue*杂志采访时说过他是一名非常有才华且敏锐的学生，他的性格“温柔平和”，在材质选取方面有着特别的天赋，“像那种轻薄的、纤细的稍微带些重量的薄纱织物，他能很明确地选出一种来搭配其他面料，混在一起制造出超棒的美感。（他）喜欢金色和闪亮色，喜欢珠宝配饰，刺绣和佛罗伦萨色彩（Florentine colour）。这些都是他研究服装设计所收集的元素，这些元素是他系列设计的灵感来源。”

吉布在1962年得到圣马丁学院的入学名额，面试时他感到非常紧张，以至于陪同他从苏格兰远道而来参加面试的姨母埃薇不得不一直帮他说话。

一开始，吉布对生活在大城市的突然转变感到不知所措，这甚至让他还没有开始新学期的学习就想要退缩。在*RITZ*杂志的一次采访中，这位设计师回忆道：“在我刚来的第一周，我给家里打了电话，是付费电话，我说：‘妈妈，我要回家！我讨厌这里！没有人懂我。’我几乎不会讲这边的英语，因为那时我只会说我们当地的方言。”

比尔·吉布的“时尚笔记”封面，约1964年。

吉布于1966年以最高荣誉成绩毕业，之后获得了皇家艺术学院奖学金得以继续深造。1972年，他推出了自己的个人品牌，他的设计不仅体现出了对当下情绪的感悟，同时又描绘出未来的风格趋势：这是一次大胆的时尚尝试，运用众多元素组合在一起——面料、色彩和材质，再加上概念化的意象——这些被巧妙地缝合在一起。他的搭档兼合伙人卡夫·法赛特（Kaffe Fassett）清楚地记得每一件礼服都像是为了盛装出席戏剧活动而准备的：“若是在当下，他肯定是一位备受追捧的明星设计师！”设计师贾尔斯·迪肯（Giles Deacon）也是他的粉丝，迪肯这样评论说：“很明显可以看出他很喜欢把这些混乱组织在一起……这些都是设计非常巧妙的衣服……有手绘、缝制拼接的面料，有挂毯针织方式制作的材质，有绗缝上的小蜜蜂和贝壳，有刺绣上的小蜜蜂，有金色的蜜蜂造型纽扣……”

1988年，比尔·吉布死于癌症，吉布和他的创作生涯（连续10年左右的最佳创作周期）是如此短暂。他是一位被众多设计师所崇拜的设计师，他的崇拜者还有克里斯托弗·贝利（Christopher Bailey）、克里斯汀·拉克鲁瓦（Christian Lacroix）、马诺洛·布兰尼克（Manolo Blahnik），他们这样评价他：“他很明确地知道自己要做出怎样的设计，像约翰·加利亚诺那样；他在时尚领域内创造了自己的视觉文化。他在这一时期给人留下了难以忘怀的美好印记。比尔有着令人赞叹的时尚视野。他做到了！”

# 娜塔莉·吉布森（Natalie Gibson）（大英帝国员佐勋章获得者MBE）

## 纺织面料设计师和教育家

1964年至今，时尚印染学士学位课程高级讲师

娜塔莉·吉布森就像是一件行走的艺术品，像是古斯塔夫·克里姆特（Gustav Klimt）画里的头像和亨利·马蒂斯（Henri Matisse）所画的女性（穿着）的集合体。她的服装收藏来自世界各个角落（更多是来自远东地区）；她的衣着像是一张五颜六色的图案组合在一起的精美拼贴画，搭配厚重的部落风格首饰，她的长发今天是紫色的，明天就有可能是蓝色或是粉色的。她的装扮风格影响了一代又一代的学生，完美地体现出中央圣马丁的创新精神。

她说："你在圣马丁学院内找不到穿搭风格相似的人，每一个人的穿着都各不相同。我认为这很重要。我认为学习研究收集资料是很重要的，针对个人而言这是自己的事情，而且不要只是在网上查找收集。学生们总是说：'哦，我要去图书馆找资料。'我会说：'不，不要去图书馆，你可以等你80岁以后再去。到外面去多看看实物，多画画写生，去看看芭蕾或其他别的之类的。'画画比仅仅是拍照更能练就你的洞察力，……我始终坚持不让学生采用棕色去作画，但是作为一名老师要学会适当的放手。你可能会说：'如果这里尝试用粉色可能会更适合？'但是我肯定不会这样说。"

**用三个词来描述中央圣马丁学院。**

快乐，创造力，有趣。

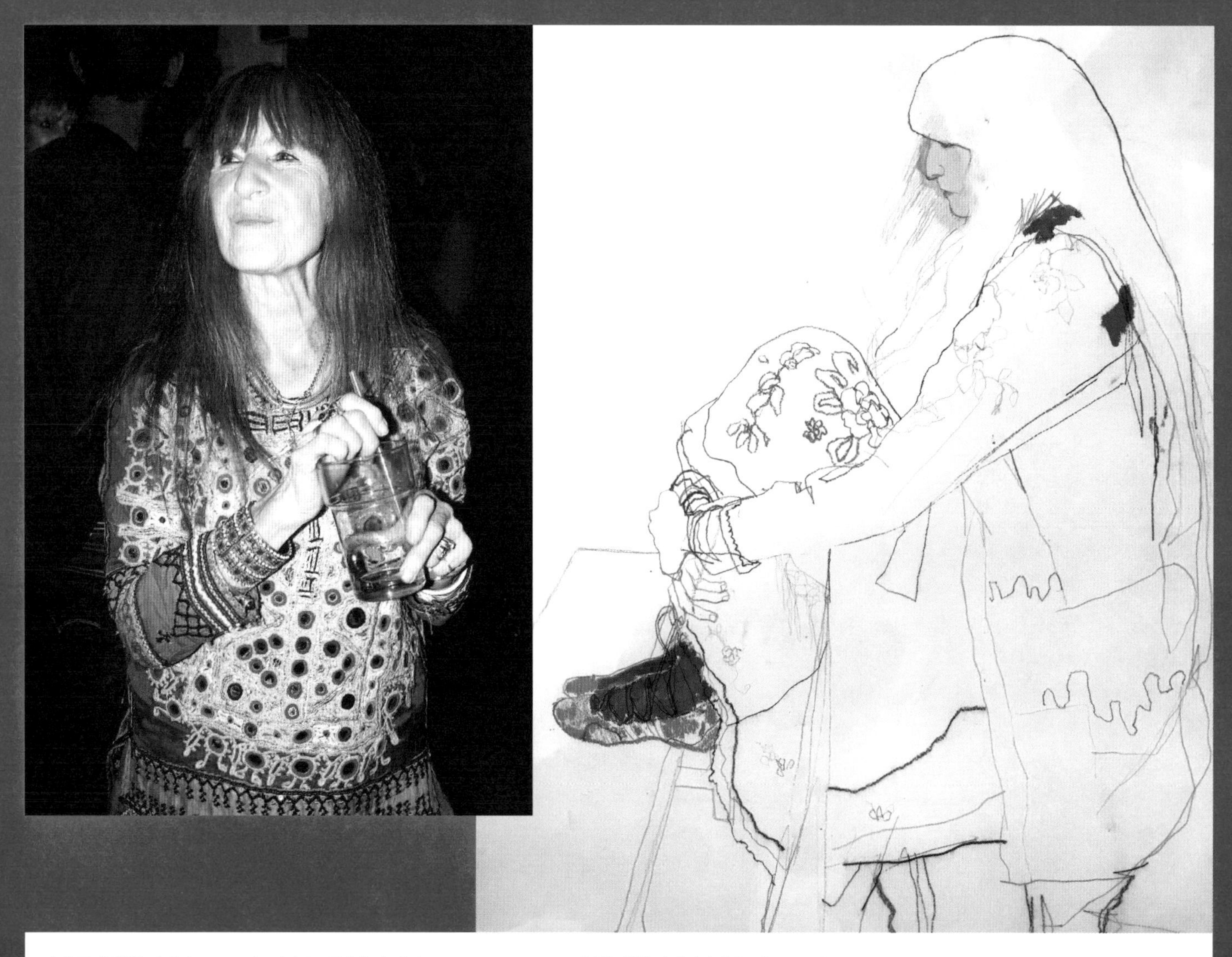

左上图：娜塔莉·吉布森，2011年。右上图：霍华德·坦吉（Howard Tangye）手绘的娜塔莉·吉布森全身像，约2004年。

# 凯瑟琳·哈姆内特（Katharine Hamnett）（艺术与设计专业文凭Dip AD，1969年）

1932
-69

时装设计师

1979年，创立个人品牌
1984年，穿着印有“58%的人不想发射潘兴导弹”口号的T恤在唐宁街设计师招待会上与玛格丽特·撒切尔（Margaret Thatcher）会面
2017年，重新推出品牌，并将印有“选择爱”T恤系列的全部收入捐赠给帮助难民的慈善机构

“圣马丁艺术学院的时尚系在每学期末都会举办非常生动和协作极好的时装表演秀……凯瑟琳·哈姆内特参考20世纪30年代早期风格设计制作出了一些有趣的服装，包括一件暗红色华达呢长裤套装上嵌有蜥蜴样式的贴片……”

*Country Life*杂志，1969年7月10日。

坦姆辛·布兰查德（Tamsin Blanchard）采访撰文

**你在圣马丁学习期间都做过些什么？**

圣马丁是一所很棒的艺术学院，注重技术技能的培养，它有精湛的服装制版课程、服装结构课程、服装历史和时装绘画课程。你可以在这里自由地发挥剪裁技术和组合搭配任何你能用到的事物。你能学会认识面料，学会印染，并且很重要的是你可以了解时尚的历史；你会成为一个很有学识的人。在这里学习真的是个天才计划，我学到了可以赖以生存的本事，我将无以回报。

**这里谁是最能激励你的导师？**

克里斯汀·库瑟拉蒂（Christine Kouserati），她是位天才。她教我服装制版课程。她也教过约翰·加利亚诺。她特别棒，因为她的工作效率超快：你在上午的课上画了张设计手稿给到她，她可以在晚上就做出来三件白坯样衣。你通常需要先制出第一件白坯样衣，调整后再裁制出第二件，再经过调整裁制出第三件，调整好第三件白坯样衣后基本就可以裁制最终的服装了。所以我很认可她，她简直就是服装制版和技术教学界的女神。

**你觉得你在学院里有发言权吗？你是通过你的衣服来沟通交流的吗？**

我在读大学时有着两种不同的想法，我认为我可能在毕业后成为一名艺术品交易商或从事时尚行业。人们都说时尚是文化的前沿，时尚中有很多新奇有趣的事物不能被立刻察觉到，这令我得到了一个发声的机会。时尚会将你推向广阔的全球观众群体中，我们的设计已经在40个国家的700家店铺里销售，我不知道如果我作为一名艺术家是否会拥有同样的影响力……我从来没有想象过自己会像现在这样参与一些政治活动。我那时对政治不感兴趣。我的父母都是超级守旧的保守党派，我是“冷战”时期长大的孩子。我的父亲是一位驻罗马尼亚和保加利亚的国防专员。我父母不让我参加学校的瑜伽课因为他们认为那与共产主义行为有关。他们就是那么极端。我觉得1968年的学生抗议运动很烦人，因为我只想尽可能多的学到更多知识，以确保我的专业成绩是最好的，在我毕业之后可以很顺利地开启我的事业。然而这一切都被打乱了。我只想学习、学习、学习而不想受到任何的妨碍。

AND

70s

T.W. ENTERPRISES

Arthur Thompson)

uay, 4th 1973

A

LOUIS ARMST

Anniversary Concert

ALEX WELS

& HIS BAND

HUMPHREY LYTT

& HIS BAND

The Chilton-Fawkes Feet

and special gue

Beryl Bryd

George Chisholm &

# 第二章：20世纪70年代

20世纪70年代是学院转变的十年。米瑞尔·潘伯顿在1975年退休后开始专注于绘画和照料她在萨塞克斯的花园，优雅的时尚插画家伊丽莎白·苏特在1953年加入该院校的教职团队之后被任命为时尚系副主任，在潘伯顿退休后担任代理系主任工作，直到1977年，她又与皇家艺术学院前时尚系教授珍妮·艾恩赛德（Janey Ironside）一起被任命为“高级主管顾问”。这一时期是插画发展的黄金时代，苏特重申了潘伯顿所强调的绘画写生的重要性的观点。她那充满活力的绘画风格影响了一代又一代的学生，其中一些人后来成为出色的时尚插画家，包括科林·巴恩斯（Colin Barnes）、乔·布洛克赫斯特（Jo Brocklehurst）和霍华德·坦吉（Howard Tangye），他们都先后回到学院任教。

当苏特离开学院开始继续从事她的时尚绘画生涯后，莉迪亚·凯梅尼（Lydia Kemeny，1925—2012）被任命为时尚系主任，她曾毕业于圣马丁学院，之后进入皇家艺术学院获得研究生文凭，自1948年开始在圣马丁学院任教，后来被任命为该系系主任。与此同时，鲍比·希尔森（Bobby Hillson）也是一名圣马丁毕业的校友，在1956年回到学院任教作首席讲师。虽然两人风格截然不同（凯梅尼的头发是暗色的，身材瘦小，动作敏捷轻盈得像小鸟一样；希尔森的头发是非常迷人的淡褐色），但这两个女人都以直言不讳而著称，并建立起了一个强大的合作伙伴关系，在未来的十年里负责管理着日渐壮大的时尚系。

到了1976年，时尚系设立了两大学士学位专业类课程：一类是自1963年开始实行的三年制课程和另一类是四年制的“三明治”课程，这个课程是在三年的校内课程之上多加了一年的业内实习期，其目的是让学生专注于一个专业领域去实践和研究。时尚系的专业课程包括：时装设计（细分为女装、男装、童装和内衣），时装面料设计（细分为印染和针织），希尔森于1974年创立了时尚传媒与推广/时尚插画专业课程，以及配饰设计和造型课程。此外，还有专为“毕业生和技术类学科毕业生开设的为期一年的高级别课程，以拓展他们在服装设计和时装插画方面的进修学习”。此外，时尚系还与纽约的帕森斯设计学院联合设立了交流奖学金计划。1978年，鲍比·希尔森创建了硕士学位时尚课程，并担任该课程的主管直到1992年，后被任命为学院对外事务主管。

受石油危机、罢工和经济大萧条的影响，行业内的就业前景并不乐观，又因长期缺乏政府支持的英国纺织和服装制造业开始以惊人的速度衰退，圣马丁学院的毕业生们被鼓励去国外寻求出路和就业机会。在此之后，开始有大批优秀的毕业生奔赴巴黎和米兰的时装公司寻求职位，接下来的十年中先后去国外工作的毕业生们包括：阿里斯泰尔·布莱尔（Lagerfeld）、凯西·托帕姆（Dior）、彼得·奥布莱恩（Givenchy）、黛比·利特尔（Jean Claude de Luca）、潘伯顿的侄女利斯·格里菲斯（Missoni）、基斯·瓦尔蒂（Byblos）、克莱尔·桑特（Emmanuelle Khanh）和波琳娜·穆查（Givenchy），等等。

20世纪70年代的这十年间，时尚与音乐都经历了一次革命：1975年11月6日，性手枪乐队（Sex Pistols）在圣马丁学院举行了他们的首场演唱会。圣马丁学院是最为理想的完美之地，学院位于伦敦商业中心和考文特花园（Covent Garden）之间，从地理位置和隐喻的角度来说绝对是地处在充满创意之地的中心位置，圣马丁学院是品味的塑造者，是时尚的带动者，其影响力为未来十年英国的经济复苏做出了很大的贡献。

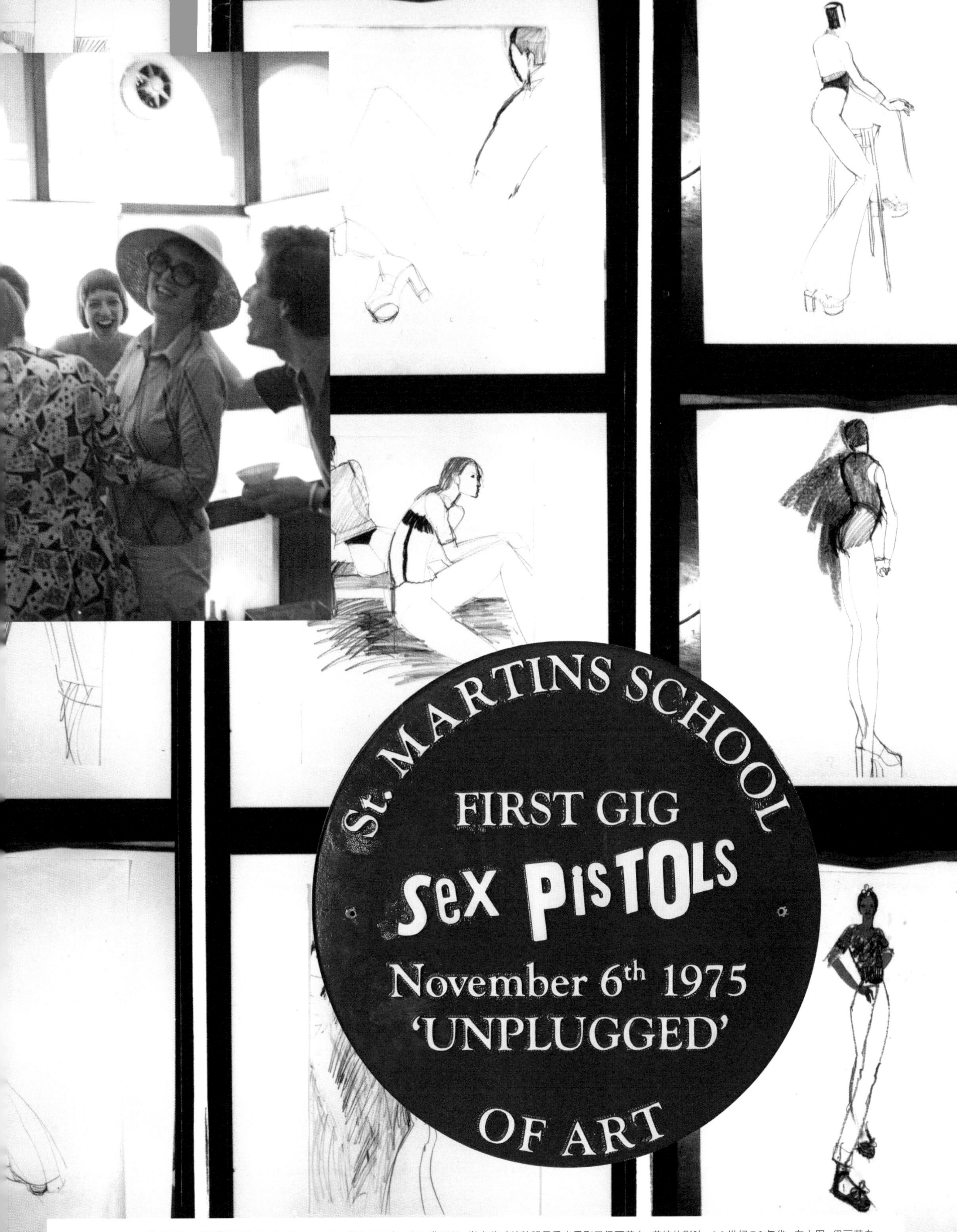


p34—p35图：简·亨登在弗里斯街（Frith Street），约1973年。本页背景图：学生的手绘稿明显看出受到了伊丽莎白·苏特的影响，20世纪70年代。左上图：伊丽莎白·苏特与面料纺织课程高级讲师约翰·迈尔斯（John Miles）在印染工作室，1972年。右上图：性手枪乐队在查令十字路举行首场演唱会的蓝色纪念徽章，1975年。

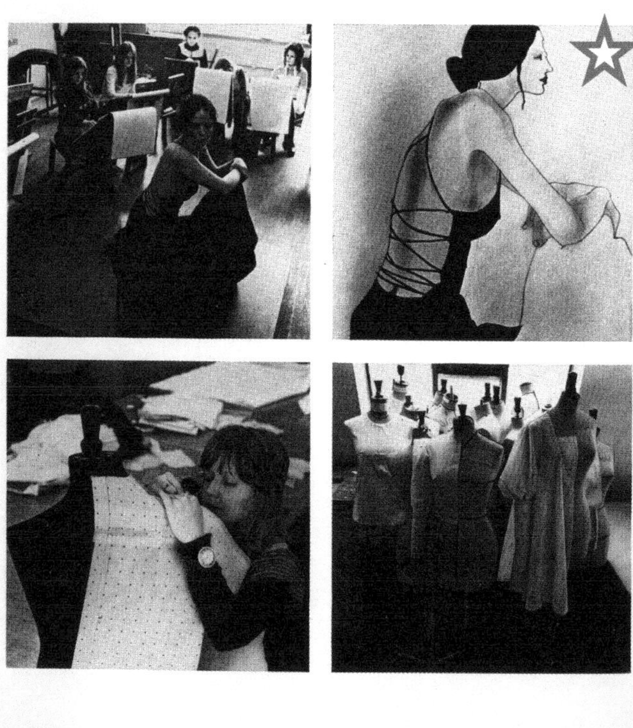

本页图上排，从左至右：20世纪70年代时装秀；未知设计师的设计作品，20世纪70年代；基斯·瓦尔蒂与模特在一起，20世纪70年代。第二排：简·文森特的时装秀，1972年；未知学生的时装插画手稿，20世纪70年代；时装绘画课，20世纪70年代。左下图和背景图：时装课教室，1973年。右下图：时尚摄影，20世纪70年代。

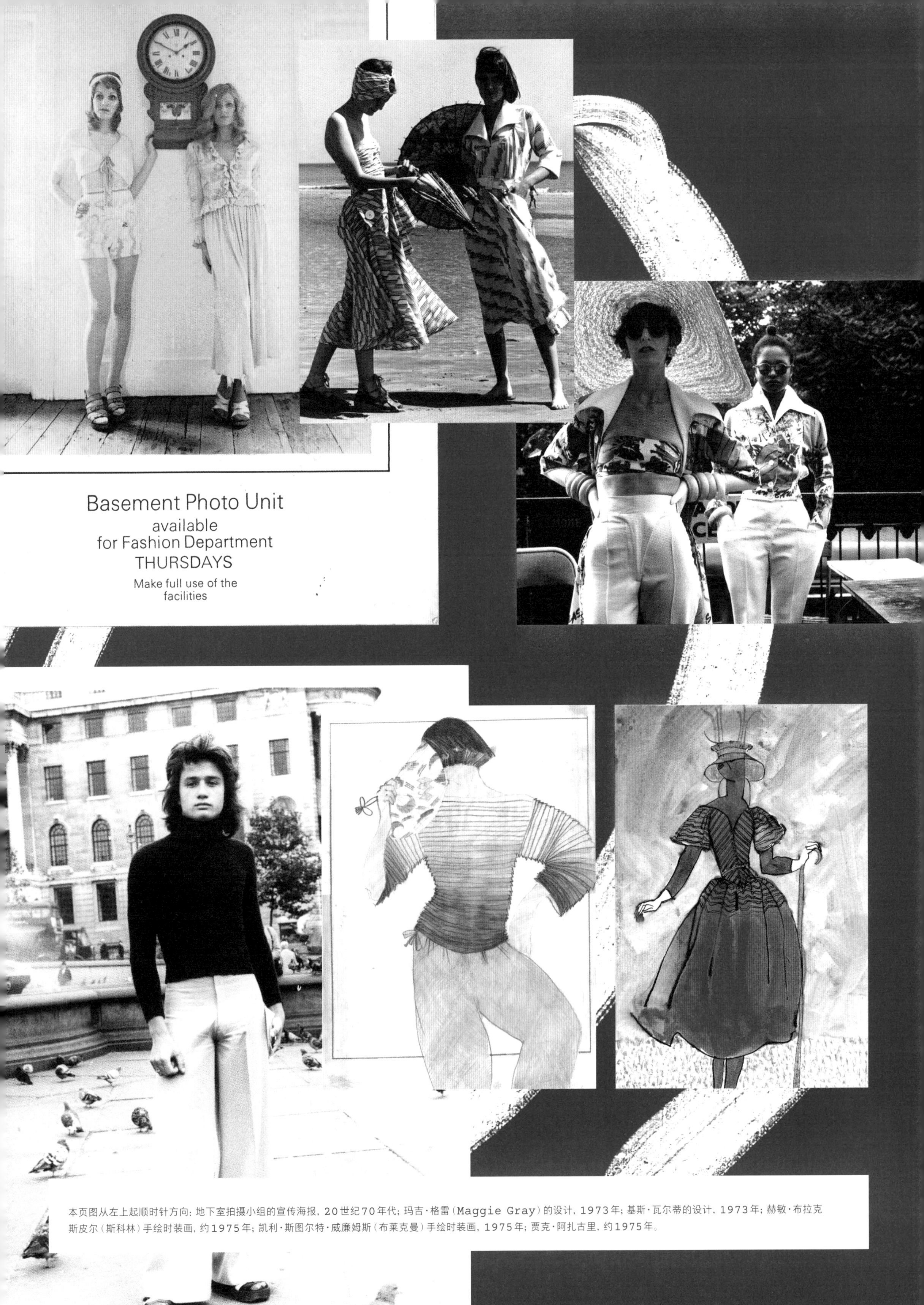
Basement Photo Unit
available
for Fashion Department
THURSDAYS
Make full use of the
facilities

本页图从左上起顺时针方向：地下室拍摄小组的宣传海报，20世纪70年代；玛吉·格雷（Maggie Gray）的设计，1973年；基斯·瓦尔蒂的设计，1973年；赫敏·布拉克斯皮尔（斯科林）手绘时装画，约1975年；凯利·斯图尔特·威廉姆斯（布莱克曼）手绘时装画，1975年；贾克·阿扎古里，约1975年。

本页图从左上起顺时针方向：尼尼瓦·霍莫和琳达·麦克莱恩，1976年；琳达·麦克莱恩手绘人物速写，1976年；尼尼瓦·霍莫的毕业设计，在里法特·沃兹别克的公寓里，1977年；未知设计师的设计作品，20世纪70年代；Megumi Ohki手绘人物速写，约1975年。

本页图从上方中心起顺时针方向：莉斯·格芮菲斯，1974年；埃斯梅·杨身穿威利·沃尔特斯的毕业设计作品，1971年；斯特拉·布鲁克斯手绘时装画，20世纪70年代；斯特拉·布鲁克斯导师，1976年；未知设计师的设计作品，20世纪70年代。

# 霍华德·坦吉（Howard Tangye）（学士学位BA，1974年）

## 艺术家与教育家

1976年，纽约帕森斯设计学院
1979—1980年，任中央圣马丁学院绘画课程讲师
1997—2014年，任中央圣马丁学院时尚女装学士学位课程负责人/学术主管

霍华德·坦吉手绘坐在"驴子"椅上的学生肖像画，约1972年。

## 作为一名学生

学院就像是一个极具创造力的美妙容器：地点、人物、内容，这些被紧密地联系在了一起。这里像是有一种可以激发创造力的魔力，把创造力从每个人的身上挖掘出来，并为这些创造力提供了竞争的机会和自由发挥的空间。我很喜欢这里，每天都要去。伊丽莎白·苏特常说，我是第一个进来的，也是最后一个离开的。我一直深爱着这个地方，这里给予了我最大的动力，我确实很喜欢学习设计。我很喜欢调整测试白坯样衣和创造廓形的过程。这里真的为我开启了一个全新的世界，因为在我来到这个地方之前，我从来都要通过自学来做事情，没有机会获得任何指导。

霍华德·坦吉，约1972年。

第一学年，我们转遍了伦敦和周边的博物馆，有时还会同波林·史蒂文森女士和罗纳德·威尔逊先生一起到外面花一整天的时间去写生。到了学期末，我们的大部分时间都是在维多利亚和阿尔伯特博物馆里度过的。我们经常会去图书馆借阅图书和借用他们桌上的绘画颜料。

在时尚系学习时，鲍比·希尔森和莉迪亚·凯梅尼是我们的设计课程导师。她们给予了我们自信和独立完成自己创作的力量。莫妮克·海伊（Monique Hay），一位法国女士，她是教我们剪裁的老师。她之前在巴黎工作；她同样是一位很挑剔的人。**在开始缝制白坯样衣之前，我们不得不按要求花很长的时间烫平每一片裁下来的白坯布片，这些布片要烫得像一张羊皮纸那样平整，然后用立裁大头针将布片拼接在一起，每个大头针之间有1英寸间距。拼接出来的白坯样衣要看起来特别整洁漂亮。**

学院的地理位置真是太完美了，就在市中心边上。在圣马丁学习时期的社交生活……我很自然地就融入了其中。每到圣诞节的时候，我们会在雕像大堂组织表演一场戏剧：那里就像是一个真正的剧院，而且戏剧表演也非常精彩。我记得有一次我参加了演出，男孩们都被拉上来装扮成某某小姐：像“冒险小姐”“索取小姐”“偷心小姐”之类的角色。雅克布·希勒尔（一位服装制版师）有被我们惊艳到。或许一百年以后他仍然会提起这个经历：“我记得你在舞台上的样子……”

比尔·吉布是我的校外评审官（external examiner）。所有的学生都会被邀请去看他的时装秀。他的设计系列美轮美奂，令我深受启发，那些浪漫的设计元素深深地吸引了我。

之后我又拿到了圣马丁交换留学项目的名额去了纽约帕森斯设计学院继续学习，这真是个很棒的经历。教师们都很优秀。他们都是杰出的艺术家。我觉得帕森斯的学习经历更加巩固了我的绘画技艺，让我真正掌握了绘画。在我去圣马丁工作之前，我就很喜欢上伊丽莎白·苏特的课。她教会了我如何去观察，你不能只靠想象去编造，这是条很明确的原则。如果在她谈论要如何画骨骼时，她一定会说：**“仔细看看这些骨骼。”**她就像一名出色的绘图员一样，要将参照物细微严谨地画出来。她很严格，很坚定，但她不会让你对自己感到失望。有一些人往往会认为他们有属于自己的风格，可以画得很好很随意，但实际上你要将自己的这种盲目自信彻底抛开，要认真地对待绘画这件事，**这就是我在圣马丁学院学到的——要细致认真去观察所画对象，并需要反复去观察。同样，画动态对象也要通过认真且反复的观察，伊丽莎白和格拉迪斯·佩林特·帕尔默总是会选择超棒的模特儿，多数时候都是找舞者来做模特儿，她们就在教室里来回地舞动着，她们的身型、尺码和年龄都各不相同。**

霍华德·坦吉设计的针织衫手绘效果图，约1972年。

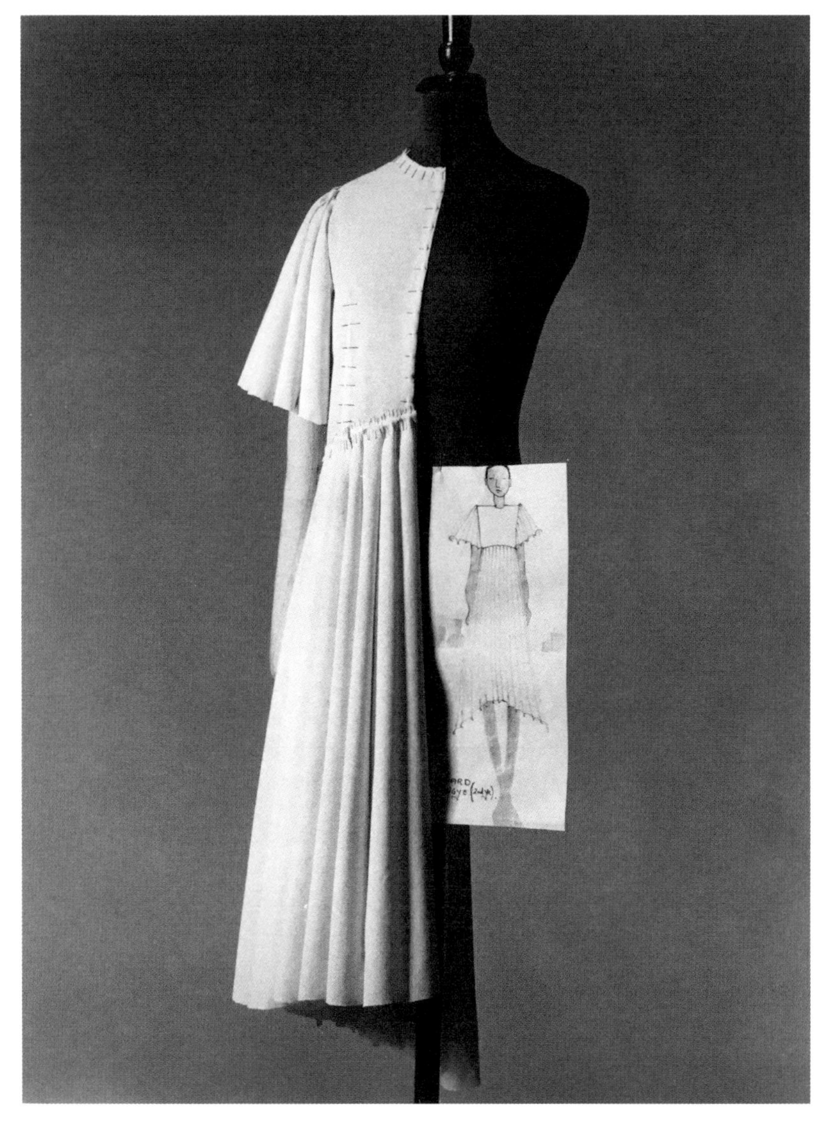

霍华德·坦吉的白坯样衣，约1972年。

## 论教学

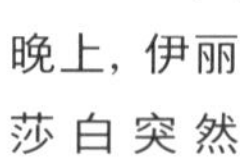

一天晚上，伊丽莎白突然给我打来电话问我是否可以去帮科林（巴恩斯）代课，我回答说不能，我不认为我具备可以授课的能力，但是她说："我认为你完全可以。"她很坚持，再三要求我去。所以我就去了……我真的特别紧张，但是我马上就在教学过程中体会到了快乐，教学的快乐。

在科林不能来上课的情况下，我偶尔会去替他代课，之后科林变得越来越忙了，所以我被要求接替科林的教学工作。从那时起，我开始任教去教一些日间课程和预科课程。我很清楚地记得那一天，因为那是我开始负责教本科生的第一年，大约是在1981年，约翰·加利亚诺是其中一名学生。我被他的技艺惊呆了。他是带着天赋和技艺来的。我记得在绘画课上，那是在一间四楼的老旧教室里，我给出了绘画练习内容，他快速地画了出来。从入学开始，他就备受追捧，总是有一些追随他的朋友会在教室外等着他。

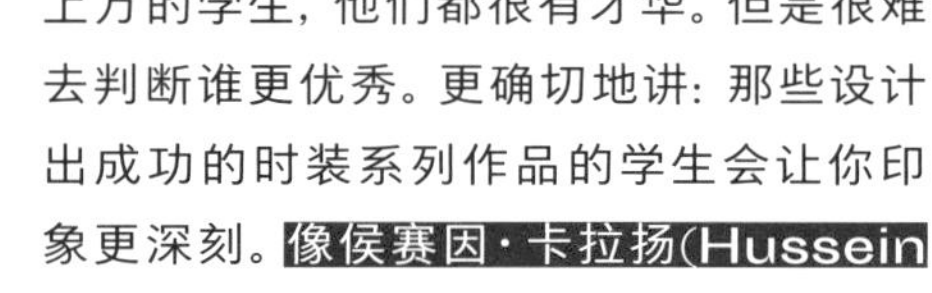

是否有被低估的学生？这里有成千上万的学生，他们都很有才华。但是很难去判断谁更优秀。更确切地讲：那些设计出成功的时装系列作品的学生会让你印象更深刻。像侯赛因·卡拉扬(Hussein Chalayan)就是让人印象深刻的学生：他很聪明，在校期间就一直表现得很出色。我一直认为他更适合成为一名艺术家而不仅仅是时装设计师，因为他的作品让人印象如此深刻。他的作品令人赞叹，让人惊喜，太美妙了。还有一些学生在毕业季的最后一年表现得非常出色，但是毕业后就默默无闻了。可能是因为之后失去了创业的雄心，又或是不够幸运没有遇到好的机会。当然从业的未来还是伴有运气的因素。此外，还有很大一部分毕业生都很成功地进入时尚业内各领域工作，成为团队的一员，但是这些人并没有进入到公众的视野。

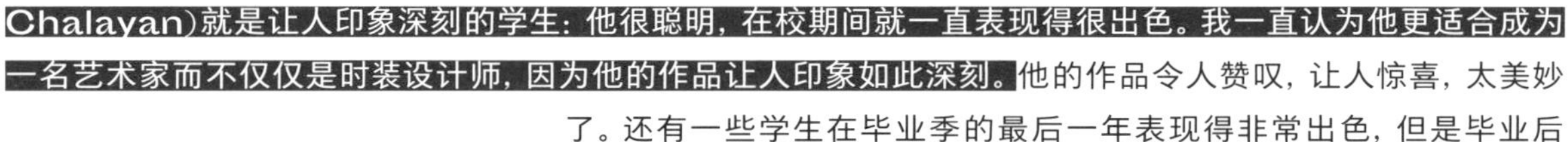

你是如何培养出学生的创造力？鲍比常说："你不要刻意去教学生如何做设计，因为学生们已经具备了成为设计师的能力，而我们要做到的就是去引导学生，给他们好的建议。"

霍华德·坦吉的毕业设计作品，1974年。

背景图：霍华德·坦吉人物速写，1971—1972年。上图：霍华德·坦吉的博物馆学习记录本，1971—1972年。

# 布鲁斯·奥德菲尔德（Bruce Oldfield）（艺术与设计专业文凭，1973年）

## 时装设计师

1975年，推出个人品牌
1990年，被授予英国官佐勋章（OBE）
2001年，获得诺森比亚大学（University of Northumbria）、中英格兰大学（University of Central England）和赫尔大学（University of Hull）授予的荣誉博士学位

四十多年来，布鲁斯·奥德菲尔德一直以优雅的设计而闻名，他的设计会令优雅的女性更显迷人，在正式的社交场合更显出众，喜欢穿着他设计的名人有瑞莉·霍尔（Jerry Hall）、琼·科林斯（Joan Collins）、威尔士王妃戴安娜等，现在还包括蕾哈娜。最初他被圣马丁拒之门外，他回忆当初曾带着自己的作品集坐在查令十字路的学院走廊上等了两天，直到米瑞尔·潘伯顿给了他一次面试的机会，终于他的才华得到了米瑞尔·潘伯顿和伊丽莎白·苏特的认可。他被认为是那一时期最优秀的学生，他在毕业前就表现出色、成绩突出。1973年2月，他的设计获得了北欧Saga Mink设计大赛的冠军，同一年，他获得了专业文凭，他的毕业设计系列中那些运用赫雷尔（Hurel）针织布制作的垂坠掐褶连身裙、装饰有褶皱和叠褶的彩色粉笔画式样的毛绉布套装都被碧安卡·贾格尔（Bianca Jagger）抢购一空。他的事业从与多家百货公司如约翰·路易斯（John Lewis）合作推出成衣产品线开始，后来在高定时装屋服务于忠实的高端定制客户，奥德菲尔德是业内从业最久的设计师，其品牌也是发展最稳定持久的。

上图：布鲁斯·奥德菲尔德的毕业秀，1973年。下图：布鲁斯·奥德菲尔德的设计手稿，1973年。右上图：布鲁斯·奥德菲尔德的Saga Mink设计手绘稿，1973年。右下图：布鲁斯·奥德菲尔德和伊丽莎白·苏特，约1973年。

# 里法特·沃兹别克（Rifat Ozbek）（学士学位，1977年）

时装设计师和室内装饰设计师

1978—1980年，任品牌Walter Albini的设计师
1980—1984年，任品牌Monsoon的设计师
1984年，推出个人品牌
1988年，获得英国时装协会评选的年度最佳设计师大奖（1992年再次获得该奖项）
1989年，获得英国时装协会评选的时尚魅力奖
2010年，推出个人家居装饰品牌Yastik（土耳其语，靠枕的意思）

里法特·沃兹别克从他的家乡土耳其到英国留学学习建筑设计，1977年毕业于圣马丁学院，他的毕业作品是很戏剧化的设计系列，以威尼斯人的假面舞会为灵感创作。他的绘画风格源于不同文化的影响，他擅长将异国情调的东方“特色”转化成符合西方审美的时尚元素，他也因此而得名。现在沃兹别克更多的时间是作为一名室内设计师，专门研究使用东方特有的纺织技术设计和制作靠枕。毕业那年，沃兹别克得到了鲍比·希尔森的充分认可和信任，允许他在毕业秀的最后时刻推翻原有的设计，重新设计创作了毕业设计系列，他认为在圣马丁学习的那几年是自己所经历过的“人生中最美好的时光”。

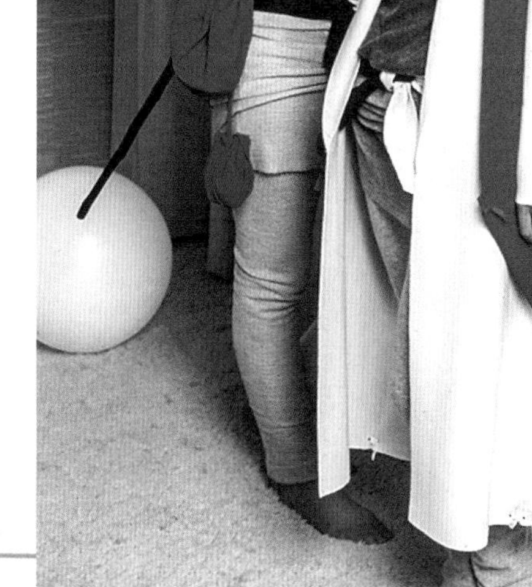


里法特·沃兹别克，1970年代；里法特·沃兹别克的毕业设计系列，1977年。

# 乔·凯斯利-海弗德（Joe Casely-Hayford）（学士学位，1978年）

时装设计师

1983年，推出KLT品牌
1984年，推出Casely-Hayford品牌
2005年，任GIEVES & HAWKES品牌创意总监
2007年，被授予英国官佐勋章
2009年，推出Casely-Hayford高端男装品牌

**你认为圣马丁学院为什么会如此成功?**

其他的艺术学院定义了一种形式化的教学模式，这种模式形成了固定体系并被复刻应用在一代代的教学中，圣马丁学院运用的是颠覆性的新教学模式，打破了这种形式化的现状，开拓新的领域，制定了新的标准……学院被设立在伦敦最活跃的中心地带和查令十字路上的早期建筑群中。在我还是学生时，我经常会在学校附近见到艺术家弗朗西斯·培根（Francis Bacon）出入其法式住宅或是老康普顿街（Old Compton Street）上的Wheelers fish餐馆，在学校还会看到性手枪乐队的演出……今天的中央圣马丁学院定义了一个新时代。这里为你敞开了通往欧洲的大门，为你开启了全球化视野。这里会让你更闪耀，更精致和更加国际化。

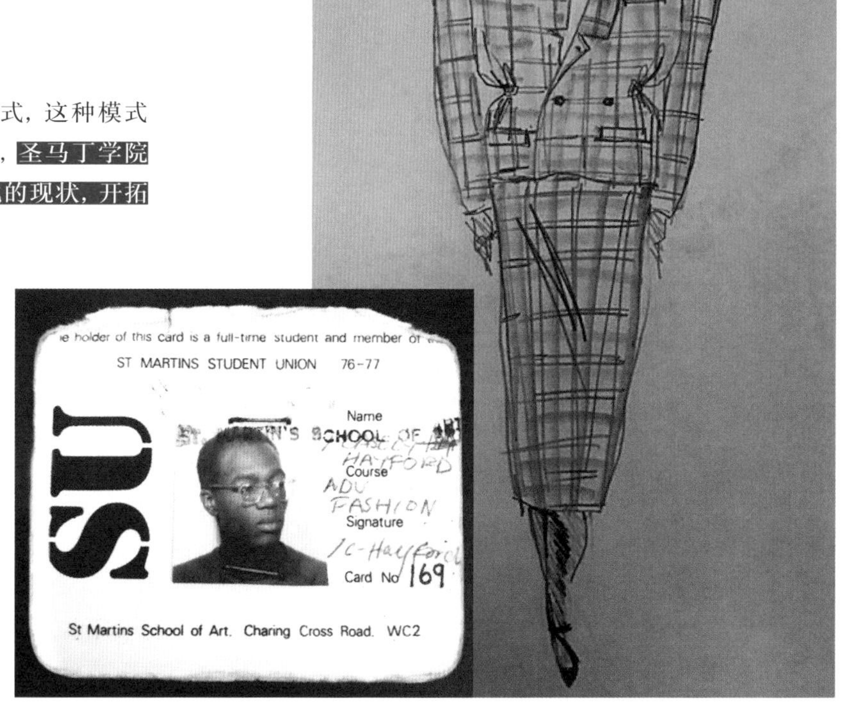


乔·凯斯利-海弗德，20世纪70年代；乔·凯斯利-海弗德设计手绘稿，约1977年。

# 斯蒂芬·琼斯（Stephen Jones）（学士学位，1979年）

## 女帽设计师

1980年，推出个人品牌，并与众多的时装品牌和设计师合作，包括有约翰·加利亚诺（John Galliano）、薇薇安·威斯特伍德（Vivienne Westwood）、克洛德·蒙塔娜（Claude Montana）、汤姆·布朗（Thom Browne）、克里斯汀·迪奥（Christian Dior）、川久保玲（Rei Kawakubo）和马克·雅可布（Marc Jacobs），众多私人定制客户，从Lady Gaga到王室成员。
2009年，帽子设计作品展："斯蒂芬·琼斯的个人帽子设计作品精选展"在维多利亚和阿尔伯特博物馆展出。

卢·斯托帕德（Lou Stoppard）采访撰文

**你是在什么时期进入圣马丁学院的？**

我是1976年进入圣马丁学院学习的。当时，圣马丁学院被誉为是伦敦三大时尚名校之一。另外两所是伦敦金斯顿大学（Kingston University）和霍恩西艺术学院（Hornsey College of Art）。如果你想在大学毕业后顺利找到工作，那就选择去金斯顿大学，霍恩西艺术学院是一家很疯狂的学院，而圣马丁学院则更适合引领你进入时尚界。

**这就是你想要去圣马丁学院的原因吗？**

不仅是这样，还因为学院的地理位置就在伦敦的市中心。那里是伦敦的商业中心。霍恩西在……霍恩西，金斯顿就在金斯顿，都不应该算是在伦敦市内，我是这样认为的！但圣马丁学院是，学院就建在查令十字路上，那里真的就是一切事物的中心。

**你还记得最初是如何知道圣马丁学院的吗？**

那时因为学院的名声远播。几乎每个人都会说如果你想要学习时尚，圣马丁学院是最好的去处。那里不是最具有艺术或商业气息的地方，但那里绝对是最时髦的地方……我记得我去参加面试的时候感到非常害怕与紧张。我一直不敢想自己当时就站在那里。**在开学典礼的那天，那是在时装系的一个教室里，大概就像我们现在这个房间大小，左边是一群打扮精致的女生，她们都穿着浅褐色羊绒翻领波罗衫，而另一边大概有三四位打扮另类的朋克青年。他们都是朋克文化初期时的装扮。然后我就开始犹豫，我是应该转向左边还是转向右边？后来我决定转向那些朋克青年。**

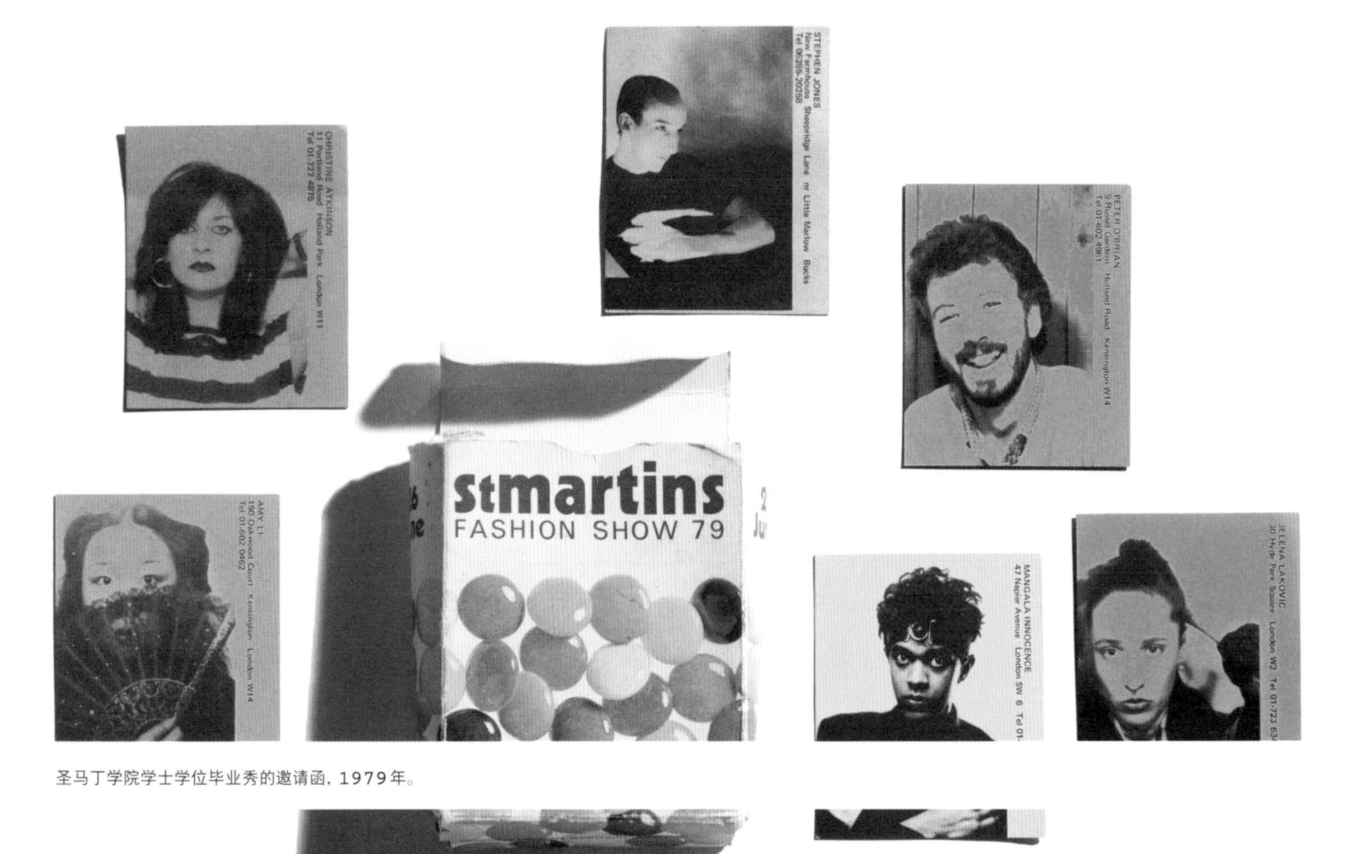


圣马丁学院学士学位毕业秀的邀请函，1979年。

**那你还记得你当时的打扮吗？**

当然记得——记得很清楚。黑色的牛仔裤搭配黑色的翻领波罗衫，头戴黑色的贝雷帽，涂着黑色的指甲油，指甲油都被磨损得不完整了。面试的时候，我穿着（笑声）梅子色的哈伦裤搭配同色系印花衬衫。

**你提到过圣马丁学院在引领学生打开时尚视野方面所提供的课余生活是很出色的。我想你在这方面的实践和你在课堂上所学的内容是同样的丰富多彩是吧。**

那是当然的。当你在学习剪裁和制版的同时还要学习了解时尚的历史与进程，参加电影俱乐部活动也是很重要的。我在俱乐部的活动上观看了很多意大利艺术电影，这些电影是你在其他地方看不到的，这对我的影响很大。我们也很喜欢去学院的图书馆，在那里度过了很多愉快的时光，我的朋友常会偷藏几瓶红酒带入学校，然后我们几个人在午餐时间会悄悄地喝光这些酒。在伦敦学习的那些年我学到了很多。在学院学习，听音乐和逛夜店是那段时间我的日常生活方式。我在1979年毕业离开了学院，那是朋克文化的鼎盛时期，也是新浪潮运动的开端。我们会经常去朋克主题夜店，比如路易斯（Louise's）夜店。

斯蒂芬·琼斯，约1979年。

**你们会互相比较谁更出挑的穿着打扮吗？你会为了去学院上课而特意穿衣打扮吗？**

噢，是的！就像认真穿上校服一样。你选择的衣服代表了自己的穿衣品位，为了展现自己，而不是为了装扮自己。

**你还记得在圣马丁学院学习生活的日常节奏吗？还记得每天学院内的上课时间吗？**

在我入学学习的那段时间，学院的规模要比现在小很多。每天仅有四节课。学习时尚的每届学生只有大概70名。时尚系的女生们都很喜欢平面设计专业的男生。还有我们几乎不与雕塑和绘画专业系的学生往来，因为他们会认为我们是在制造商业垃圾！我们从他们面前经过时，总是会被他们指指点点，窃窃地谈论着我们的穿着……在这之前我从未在伦敦生活学习过，回想这些经历都是非常珍贵的。我曾在海威考姆勃（High Wycombe）的大学读过预科课程——那边就如同是在廷巴克图（Timbuktu）那般遥远的地方。所以在伦敦的经历真的很棒。我遇到了很多出色的人。我的导师伊丽莎白·苏特，她是位很了不起的女人。她很热衷于教学工作，认真教授她的学生们。我想她看到了我与其他学生的不同之处，并全身心地去鼓励和帮助我找到了我的专长。

**那里不同？**

我想大概是因为我很迷茫不知道自己要选择做什么。我不知道我应该要选择从事化妆业，还是做女帽设计师或时装设计师。我觉得那时她意识到我需要认清自己，以此为基准做我喜欢的设计。来到圣马丁学院学习就如同你拿到了一张可以任意乘车的车票，不管你何时想上车，车票的期限是三年。

**那你是什么时候认清自己的？**

我到现在都还没有认清自己！（笑声）我想这大概是在我毕业之后发生的，因为在学习期间我一直都在做女装设计。在我学业的前两个学期，有一位教我裁剪课程的导师叫彼得·克劳恩（Peter Crown），他曾说过我会失败的，因为我真的学不会缝纫。他拥有自己的高级定制时装屋叫Lachasse，我在那里做过实习生。我都不认识在那里工作的实习生们；当然这里除了我没有其他学习时尚课程的学生。我是第一个出来做专业实习的学生。有趣的是，现在的学生实习已经发展成为课程安排的必备项目——每一名学习时尚的学生必须要做的实践工作。

背景图：斯蒂芬·琼斯学士学位毕业秀影像定格图，1979年。中间图：斯蒂芬·琼斯毕业设计作品，1979年。

但是这在当时是很罕见的事。我在暑期做实习生，最开始我在时装屋做实习工作，之后我转去了女帽店做实习。我记得是在学业的第二年，在伊丽莎白·苏特离开后，新来了一位女教师接任了她的工作，这位女士很不喜欢我。那时期人们都喜欢穿着明快、亮丽的颜色——就像凯卓（Kenzo）那类风格的。对偏好朋克风格的我来说，这绝对是太可怕了。所以我更倾向设计一些非常紧身的黑色直筒连衣裙。现在看来，那些设计很有阿瑟丁（Azzedine）的风格，但很多人都认为那是很20世纪50年代的感觉。当我给她展示了我设计制作的一条黑色天鹅绒直筒连身裙之后，她说："这件裙子看上去很无聊，连我的祖母都不会穿的。"然后我说："那些选择穿Kenzo的人没有权利来评判我的设计。"之后我被她赶出了教室。

**一次口舌之争！**

但是我的课外评审官是一位非常优秀的人，他叫德瑞克·希利（Derek Healey）。他告诉我要绝对相信自己的选择。他建议我可以尝试去从事化妆行业如果我愿意的话，他说我设计的时装很棒，同样他也很喜欢我设计的帽子。就在那一刻，我恍然大悟，我被他的话语点醒了。

**你对自己的毕业秀满意吗？**

还好吧，幸运的是我们得到过一些一年级学生的帮助，其中包括有斯蒂芬·林纳德（Stephen Linard）。我曾经问过他是否可以帮我缝制两条裙子。我告诉他依照服装纸样在面料上直接裁片就可以。几个小时以后，他居然按照我的要求将两条裙子完全地缝制出来给到我。他耸了耸肩对我说："裙子的版型有些地方需要小调整，但我已经按照正确的方式做好了。"他真是太棒了。我在毕业秀上展示的设计作品都制作得非常华丽，有点像高定礼服那样的感觉。那些设计很有仪式感更适合庄重的场合，头饰是用玻璃碎片和海鸥标本制成的。

**人们对你的毕业设计印象深刻吗？**

尽管他们给了我很差的成绩分数，但是德瑞克·希利介入了进来，最后我得到了二等一级成绩。我没有拿到一等荣誉学士学位，而是获得了二等一级荣誉学士学位。

斯蒂芬·琼斯第一学年设计作品。

**我想这很令人沮丧。**

是的，但是这件事又给了我反抗的动力。时代是不同的，是在变化的。他们根本瞧不起街头时尚或"伦敦时尚"，他们认为巴黎时尚才是真正的时尚。我们觉得巴黎时尚都已经过时了，和我们没有任何关联。这些老年人根本不懂，也不了解我们这一代年轻人的审美观。我记得他们在评论薇薇安·威斯特伍德时说："嗯，她说她是个时装设计师，但是她根本不懂剪裁，她设计的衣服真是太可笑了。"这些人只会在你还年轻的时候对你恶语相加。在薇薇安成名后的鼎盛时期，那些融合了音乐与前卫设计元素的时装令她成了英国最具代表性的时装设计师，你会想，这些白痴还会那样嘲笑她吗！

**我想就如同今天一样新旧观念之间的关系还是同样的紧张。你最想去的艺术学院让你感觉更像是在与传统的体制进行对抗。**

我觉得那里有一些很英式的观念。进入到英国的艺术学院学习，对一名英国的学生来说，这是一个很特别的选择。我不确定在法国或是意大利，那里的学生们是否也会有同样的感受。在英国的大学里，那些备受瞩目的时尚专业系都应该具备鼓励学生们展现个性的教学能力。

# 第三章：20世纪80年代

那些风格酷似“Blitz Kids朋克摇滚乐队”装扮的圣马丁学院的学生和往届校友们会经常出入于市中心和考文特花园附近的夜店，他们的穿着都各不相同且特别（大概那些衣服都是在拐角处的一家名字叫天使服装公司的店里购买的）——他们是崇尚后朋克新浪漫主义风格的一代人，他们是极富创造性的一代人，他们跨越传统，在时尚、音乐和新闻传媒行业创建自己与众不同的文化风格，通过新兴的广播和数字技术的传播，他们已经成为了新流行文化的风向标。学院的毕业生们不仅限于成为成功的设计师，还有些人从事时尚编辑、造型和时尚写手的工作。在20世纪80年代中期，从事时尚媒体工作的学友们就包括有琳达·马克林（Linda McLean）在*Honey*杂志，凯西·菲利普斯（Kathy Phillips）在《星期日邮报》，安·博伊德（Ann Boyd）在《星期日泰晤士报》，哈米什·鲍尔斯（Hamish Bowles）在*Harpers & Queen*杂志，还有莎莉·布兰普顿（Sally Brampton）先后在*Elle*杂志和*Observer*杂志，莎莉·布兰普顿在她学生时代就创办了由学生会负责出版发行的校刊，名为《圣马丁的另类时装秀》，还有1980年毕业的林恩·R.韦伯（Iain R. Webb）和1983年毕业的西蒙·福克斯顿（Simon Foxton）在为*Blitz*、*i-D*和*The Face*等这些全新风格的时尚杂志做主要撰稿人。

1980年代最著名的毕业生是约翰·加利亚诺，在1984年的毕业秀上，他那名为“不可思议的人们”（Les Incroyables）的设计系列令人难忘，整个设计系列被布朗斯（Browns）时尚精品买手店的琼·波斯坦（Joan Burstein）全部买下而引起轰动。加利亚诺的毕业创作受到了法国后革命时代影响，设计风格趋于中性化，被苏西·门克斯（Suzy Menkes）形容为“英国时尚界的拜伦”。他成为了学院的传奇人物，毕业后顺利得到了去巴黎做时装设计师的工作机会：十年后，他被任命为纪梵希的首席设计师。还有斯蒂芬·琼斯（1979年毕业）、斯蒂芬·林纳德（1981年毕业）和约翰·弗莱特（1985年毕业），虽然他们不是同时期的毕业生，但他们都是那一代中最富有创造力的几位设计师。

尽管学生们的成绩斐然，也有强大的教师团队包括设计师谢里登·巴尼特（Sheridan Barnett）和希拉赫·布朗（Sheilagh Brown）在内，但是在1977年至1986年担任时装系主任的莉迪亚·凯梅尼还是面临着许多挑战，包括学院运作资金的短缺和应对在1986年成立建设伦敦艺术大学的困难与问题。虽然她被公认为是“在20世纪70年代凭一己之力将圣马丁学院的时装秀运作成为焦点盛会的女人”，但随之而来的是对学生们毕业设计的负面评论也在不断增加。媒体越来越凶猛地批评学生们自我陶醉般的设计，将时尚设计当作为艺术创作，指责他们没有受到应有的实际能力训练，设计缺乏商业价值。莉迪亚·凯梅尼似乎不太能应对这些困境与问题，于1986年辞职。

虽然凯梅尼在努力提升专业教学水平，与产业内部建立更好的合作关系，但还是不能避免时尚系的声誉不断下滑。业界的一些人士认为时尚系的学生们是“一群早熟、自吹自擂的小鬼，他们情愿花费更多的时间逢迎谄媚在时髦人群里，而不愿多学学如何剪裁翻领”。到了1988年，当新的教学模式受到了指责与批判，时尚系的处境也在发生变化，*Drapers Record*杂志报道指出“疯狂的商业主义气息已经开始蔓延到学院内”，同年6月，苏西·门克斯在《英国独立报》上发表的一篇文章中表示出对学生们的设计感到极大的失望，学生们的毕业设计里看出的只有对过去时代的过度怀旧和对设计大师如穆勒（Mugler）、高提耶（Gaultier）和拉科鲁瓦（Lacroix）的致敬，提问并指出：“现在的年轻人不应该是喜欢观看潮流影视录像，懂得使用电脑，听电子舞曲和跳嘻哈，摆脱过去奔向未来的一代人吗？”可以说这个超前的建议在十年后才得以实现。

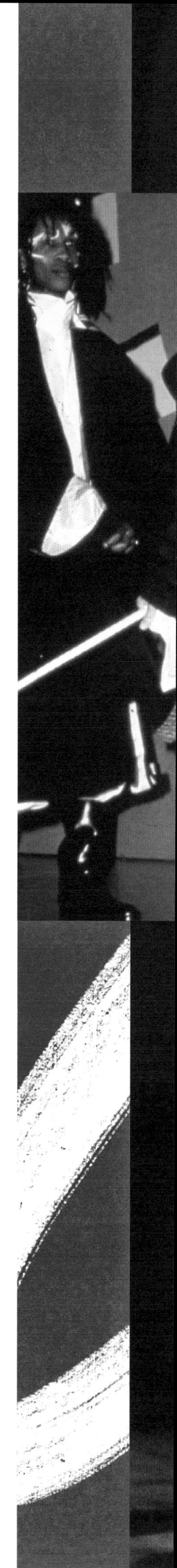

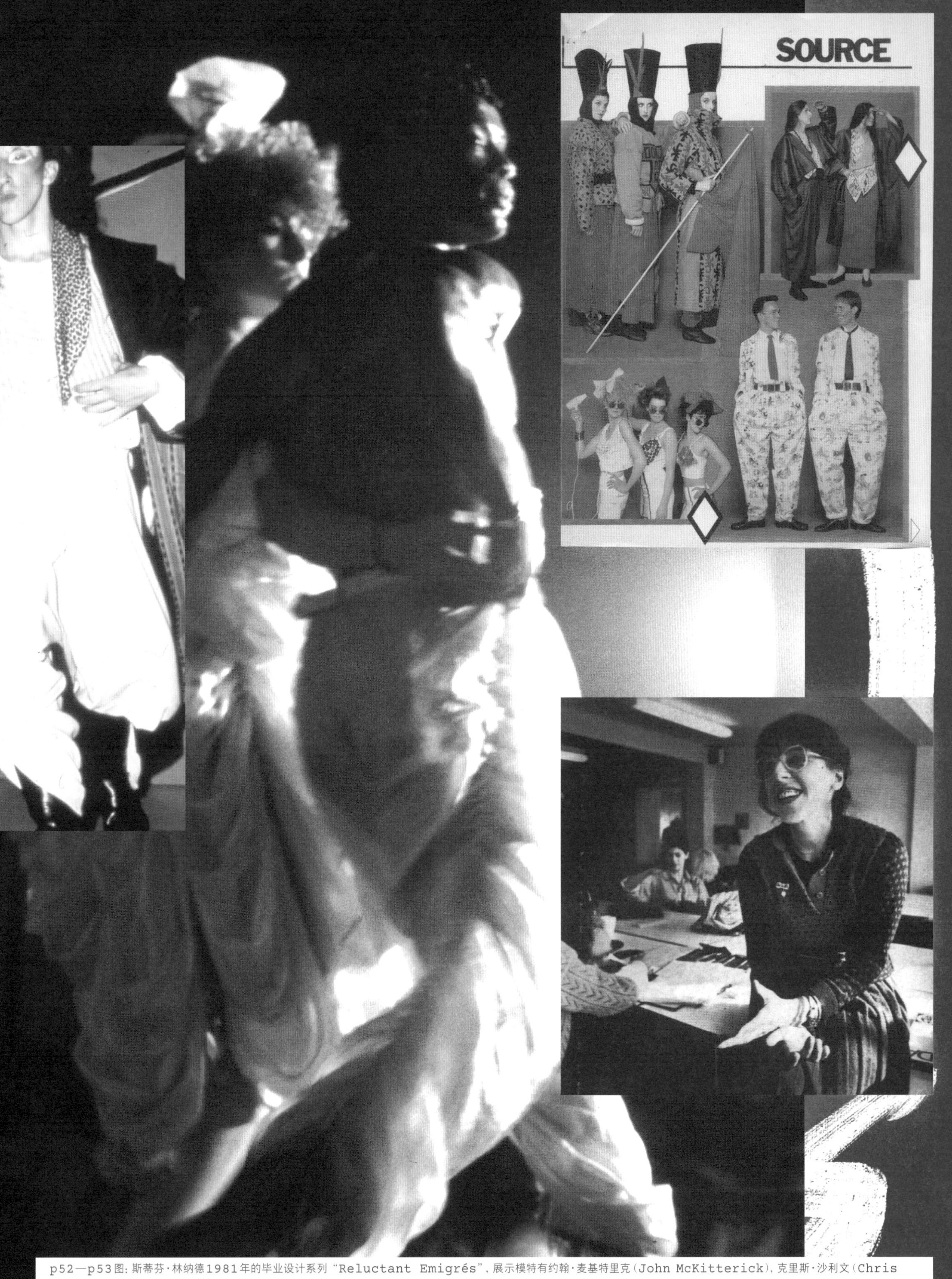


p52—p53图：斯蒂芬·林纳德1981年的毕业设计系列"Reluctant Emigrés"，展示模特有约翰·麦基特里克（John McKitterick）、克里斯·沙利文（Chris Sullivan）和达里尔·汉弗莱斯（Daryl Humphries）。

本页背景图：泰德·波尔希莫斯拍摄的秀场图，约1980年。本页图从左起顺时针方向：约翰·加利亚诺学士学位毕业秀，1984年；《圣马丁的另类时装秀》校刊，1983年9月19日；莉迪亚·凯梅尼，约1984年。

本页图从左上起顺时针方向：未知设计师的设计作品，1980年；克里斯·沙利文（Chris Sullivan）穿着展示的“明智的选择”套装手绘图，1980年；未知设计师的时装设计作品，1984年；未知设计师设计的织锦斗篷，20世纪80年代；托尼·帕塞尔（Tony Purcell）的学士学位毕业设计作品，1986年；时装秀，20世纪80年代；时装秀，20世纪80年代。

本页图从左上起顺时针方向：时装秀，20世纪80年代；马丁·基德曼（Martin Kidman）的硕士研究生毕业设计作品，1985年；时装秀，20世纪80年代初；苏西·布鲁克（Susie Brooke）的学士学位毕业设计作品，1988年；未知设计师设计作品，20世纪80年代；未知学生的时装手绘稿，20世纪80年代。

# 鲍比·希尔森（Bobby Hillson）（国家认证设计专业文凭，1952年）

时装设计师，平面设计师和教育家
朱迪斯·瓦特（Judith Watt）撰文

鲍比·希尔森是时尚硕士专业课程的创始人和负责人，她于1949年进入圣马丁学院跟随米瑞尔·潘伯顿学习，并获得了她的时尚专业文凭。她穿着时髦精致，如克里斯汀·迪奥般的设计风格的衣服都是她自己制作的，在时尚方面，她有着超前的意识、叛逆的个性和艺术天赋。她回忆说："我真的很喜欢这家艺术学院。我在这里找到了和我有同样想法的人。"她在学校里喜欢被人们直接称呼"鲍比"，从她开始任教起就坚持让她的学生们这样称呼她。"我之前为*Vogue*杂志工作，在那里人们都是被直呼名字的，所以我不喜欢让学生们叫我希尔森小姐。"之后被称呼名字的习惯就这样一直延续着。

这位时装设计师和插画家在学院任教了35年。她在教授时尚学士学位课程的同时又设立了时尚硕士学位课程，还开办了时尚传媒硕士学位课程。她的前同事，设计师希拉赫·布朗回忆时说："鲍比非常聪明，很有活力，人脉很广，她真的很棒。"她和米瑞尔·潘伯顿，莉迪亚·凯梅尼，还有伊丽莎白·苏特是奠定圣马丁时尚系地位最重要的四个人，是她们让时尚系变得更加成功，她们让时尚系成为一个可以让才华得到绽放的最好去处。布朗特别提到，对鲍比来说，"时尚不是一门枯燥乏味的学术课题，而是一个充满魅力与魔力的、激发心灵且让人兴奋不已的学科"。

鲍比的职责就是培养人才，鼓励学生的独创性，并遵循"教不出天才，但可以教出最具专业素养的学生"的务实原则，这一原则始终被圣马丁学院沿袭应用在教学中，确保那些曾经围着剪裁教室的桌子追赶老师的学生们在毕业后不会成为业内的白痴。她回忆说："当时根本就没有时装设计师这一工作。我为*Vogue*杂志画时装插画时，一幅插画要15英镑。那时都是在画街区上的衣服样式，那根本就不是高级时装。但我们在圣马丁做的就是去改变这种局面。"

1956年的一天，潘伯顿在皮卡迪利街的辛普森零售商店（Simpsons of Piccadilly）遇见了鲍比并问她在做什么工作。一听说她在为*Vogue*杂志画时尚插画就邀请鲍比到圣马丁学院任教，不久后，鲍比和莉迪亚·凯梅尼成了搭档，共同执教三年制的时尚专业学位课程。"凯梅尼曾强调，教授时尚课程要以绘画艺术为基础。这里不仅仅只是一所'服装学院'。"鲍比接着说："莉迪亚对色彩感兴趣；而我对形状和设计更感兴趣。我会鼓励学生做事要细致谨慎，做设计要消减不必要的部分。"艾克·拉斯特（Ike Rust）教授曾经是她的学生，1982—1984年，他在圣马丁学院攻读时尚硕士学位课程，他很确定地说："鲍比真的是很专注于设计。我们确实画出了衣服的款式，但她绝对更在乎的是有没有设计包含在里面。她会问'这衣服会让人显得更漂亮吗？这衣服穿在身上会舒适合身吗？不知道穿上身的效果会怎样？感觉如何？'"今天的时装大多过于表面化的呈现，仅是看上去好看但没有体现出真正的设计。

鲍比由于当年为*Vogue*杂志绘制时装插画，所以她几乎会出席巴黎的每一场时装秀，关于每场时装秀的各种信息就会被鲍比直接带回学校展示给她的学生们。鲍比负责时装设计类课程的教学，莉迪亚负责文化、艺术和历史部分的课程教学。两位导师都认为时尚不只限于艺术范畴。鲍比说："时尚是凭直觉、本能和创意去创造的，时尚也是一种商业活动且竞争激烈。作为一个行业，一种国际潮流现象，我们对时装设计充满了极大的热情，这不只是关乎衣服的问题。"

布朗回忆称，莉迪亚和鲍比真是"一对绝妙的组合。她们在学校的每分钟都在上演戏剧化的故事！"在入学日那天莉迪亚将乔治男孩（Boy George）和玛丽林

(Peter Robinson英国歌手，艺名Marilyn）赶出了查令十字路的学校（他们错失了最佳的入学时机）。鲍比不得不告知已故的莎莉·布兰普顿，相比设计她更擅长写作（因为除了鲍比，其他人都不愿说出实情）。布朗说："她们充满了热情。她们不能容忍创造垃圾。鲍比不奢求任何回报，她赢得了学生们的尊敬。她喜爱和赏识有才华的人。"

上图：简·拉普里（Jane Rapley）和鲍比·希尔森，约1995年。

对莉迪亚和鲍比来说，她们教过的最有才华的学生是已故的约翰·弗莱特。在鲍比面前，所有的学生要绝对地诚实，讲话要直截了当，要正直，要着装简明得体，轮廓清晰。

正如鲍比所说："大多数在大学学习时尚的学生们都会因为面临困境而感到困惑和紧张。他们不习惯独自完成工作。我们的工作是给学生们提供建议，让他们自己去找到解决的办法。我们也不会告诉他们该如何去做。我希望他们可以更加独立。"

时尚硕士学位课程是在1978年10月开设的。课程在开设之前就已经计划筹备了一段时间，就在毕业生们都开始准备申请继续攻读皇家艺术学院的时候，圣马丁学院的时尚硕士课程开设许可突然就获得了批准。按照上级教育部门的批准规定，攻读时尚硕士学位课程需要48周的时间。鲍比将该课程重新调整并连续贯穿整个假期时间进行，这就大大缩短了原本为期近两年的课程周期，将毕业发布秀调整至伦敦时装周期间。圣马丁学院的时尚硕士学位课程必须具备自己的风格特点，要区别于皇家艺术学院的时尚硕士课程。

背景图和p60-p61图：另类时装秀，1981年。

# OUTRAGEOUS!

**It takes students to show that fashion should, and could, be fun**

RTIN'S School of Art has on shows each year: one is ee show, a serious affair

about what should or could be worn.

The result of the latter the other week was a sparkling collection of

to name but some of the outfits. The one consistent factor from the enormous variety was that it was all

of any fashion collection, was n 5' 4'' than 5' 10'' tall and more 16 than a 10 and she looked terr

鲍比说："我们创立时尚硕士学位课程的目的就是要帮助我们的学生在进入时尚行业前做好准备，我曾看到过很多非常有才华的学生中途就退学了，而那些相对才华不算出众的学生更善于自我推销而得到好的工作。"

时尚硕士学位课程旨在吸引来自国内外的申请者，并将他们培养输送到全球时尚行业的各个领域，"课程教学的目的不仅是让我们的学生完成了学业而已，而是要让学生通过深造更好地提升自己。约翰·加利亚诺曾要申请硕士课程，让我指导他，但是我告诉他已经没有这个必要了。后来他又问过我一次，我说如果我这样做那我就太蠢了，因为你已经足够优秀了，已经准备好要加入外面的时尚界了。如果失败了再回来进修……"

鲍比的教学方法是实验性地发掘学生潜能，所以她招收的是一些非圣马丁学院毕业的学生来上她的硕士学位课程。课程开始的第一年只有六名学生，因为其他的申请者都不符合申请要求。这六名学生中包括艾克·拉斯特（Ike Rust）、约翰·麦基特里克（John McKitterick）、路易斯·威尔逊（Louise Wilson）和亚历山大·麦昆（Alexander McQueen）。艾克·拉斯特认为时尚硕士课程对他来说具有变革意义。他说："每个学生都多少听说过关于鲍比·希尔森的传闻，很多人被震慑而胆怯。我跟随她学到了很多专业知识，认清了自己的个性风格，懂得了表现心境与情绪的细微变化的重要性，时装需要展现出内心最渴求的真实想法，否则那就只是一件毫无意义的衣服。"

鲍比这样解释说："对我来说，教学的全部内容就是试着深入了解学生，要开启学生们的思维深度与广度：分析他们的长处，真正去理解他们的想法并帮助他们更好地向前发展，让他们比预想的自己要更好。在选修硕士课程的学生中，常会遇到一些相当傲慢的学生，但是时间有限，需要尽快解决的问题就是要剥离他们身上傲慢的外衣，还原他们本来的面目并找到最真实的自己，防止他们受到来自同龄人或其他事物的不好影响。我想这就是我从事教学的动力所在。"

她继续说："因为需要应对各方面的压力，这让我变得很坚强。我的教育方法是给予建设性的评判。学生们被鼓励来找到我，但我不想他们去做我做过的事。我更希望他们是在做自己最想做的事。学生应该拥有自己的个性。学生们在接受个人辅导和小组评议时，他们必须要解释和阐述自己的设计作品，为自己辩解，并相互学习。"这个学习过程就是要让他们在未来的"现实"世界中学会自力更生。另外在攻读时尚硕士学位的过程中，深入学习商科课程也是非常重要的。

鲍比教过很多优秀的设计师，其中不乏一些超棒的。在最近的记忆中，亚历山大·麦昆会浮现在她的脑海。她退休前的最后一年，出于直觉她给了麦昆一个入学名额，她对学生的潜在能力有着敏锐的感知力；她能识别出那些天赋异禀的学生，但这种天赋不是马上就能显示出来的。在学生的选拔方面可以看出鲍比有着丰富的经验和敏锐的直觉。她很注重实用主义教学，她说："从一开始，麦昆就不想为任何人工作，只想创立自己的品牌。他的毕业设计系列很商业化。我的学生们并没有把自己置身于世外桃源，他们在时尚行业的就业率高达98%，这就是为什么我会如此地激动，对我们的教学成就感到非常满意。"希拉赫·布朗表示赞同地说："现在很多时尚硕士学位的毕业生就业于全球时尚行业的各领域并获得了成就，证明了鲍比在1978年所创立的这个硕士学位课程是如此成功。"用艾克·拉斯特的一句话来作为总结："极具才华的鲍比和像她那样的人所创造的光辉成全并延续了中央圣马丁学院时尚系名扬天下的声誉，巩固了该学院时尚系在时尚教育领域的重要地位。"

# 约翰·加利亚诺（John Galliano）（学士学位，1984年）

## 时装设计师

1984年，推出个人同名品牌
1987年，获得英国年度最佳设计师大奖（并分别在1994年、1995年和1997年再次获奖）
1995—1996年，任品牌Givenchy首席设计师
1996—2011年，任品牌Christian Dior艺术创意总监
2014年至今，任品牌Maison Margiela创意总监

詹姆斯·安德森（James Anderson）撰文

约翰·加利亚诺在1984年创作的毕业设计系列名为“不可思议的人们”（Les Incroyables），在时尚历史进程中定义了一个传奇时刻，可以说其意义等同于克里斯汀·迪奥在1947年推出的新风貌（New Look）时装设计系列和伊夫·圣·洛朗（Yves Saint Laurent）在1966年推出的吸烟装（Le Smoking）设计系列。

那是一场资金不足，却创意无限的时装秀，这位不愿服输的学生引用法国的历史创造了一场惊心动魄的未来景象。当观众们报以热烈的掌声时，一组被精心挑选过的模特和来自伦敦著名夜店的伙伴们，在伸展台上摇曳生姿，伴随着加利亚诺的DJ朋友杰里米·希利（Jeremy Healy）剪辑拼接的混合着轰鸣声的背景音乐雀跃地摇摆着。

约翰·加利亚诺的带有面部识别照片和地址的小卡片，约1984年。

在时装秀结束的24小时内，“不可思议的人们”系列就被全部买走，随后被展示在备受推崇的位于伦敦市西区的布朗斯时尚精品买手店的橱窗里。伦敦作为一个著名的城市，圣马丁学院就坐落在这座城市的心脏位置，这里培养出最优秀的年轻时尚人才，这份荣耀将永远被铭记于时尚历史中。对加利亚诺来说，这仅仅是一个开端，在未来十年的职业生涯中，他杰出的时尚创作令他成为举世闻名的时装设计师。

在2008年的采访档案记录中，加利亚诺深情地回忆起他的毕业设计系列和毕业秀为他赢得了一等荣誉学士学位（First Class Honours Degree），并在一夜之间令他成为时尚界的新星。

詹姆斯·安德森（James Anderson）撰写的访谈记录

**“任何形式的毕业创作都应该带着一股子叛逆的情绪，在你马上就要冲向现实世界之前——好吧，至少我在当时就是这么想和做的。**我毕业创作的灵感来源于法国大革命，其我行我素的态度就如同个人风格一样，我给这个系列命名为“Les Incroyables”，意思是“不可思议的人们”，我想要表达对这些站出来反抗周围环境的人物的看法。我想用我的衣服讲述和展现出那些人们所经历过的不可思议的时刻。

我当时全情投入到了我的毕业创作系列中，现在仍然很怀念那种感觉。我被完全彻底地控制住了。是的，

我当时特别喜欢出入圣马丁学院周边的夜店，我很喜欢那里的氛围，但是当我开始投入毕业创作时，其他周围的一切都淡出了我的视线，我被卷入了这个不可思议的革命世界。我至今还记得，那时的创作经历让我很激动，这听起来很奇怪，因为创作过程真的是很艰苦，但我像着魔一样地投入，被驱使着和激励着。我必须要紧跟上我在创作系列时不断涌现的灵感。每一个小细节都不能放过，必须要完美地呈现。这个设计系列没有很多的预算。我用到了我能搞到的任何东西——把装饰家居用的面料裁制应用在几件衣服上，这样不仅符合我的设计概念，又很省钱。

约翰·加利亚诺（中）、亚历克西斯·罗什（Alexis Roche）、艾莉莎·帕洛米诺（Elisa Palomino）、娜塔莉·吉布森（Natalie Gibson）和威利·沃尔特斯（Willie Walters），2012年。

我还记得那时模特们都穿着漂亮的薄纱般的衣服，情绪饱满地行走在像铺着鹅卵石街道的伸展台上。夹克被上下颠倒或里外反穿着，浪漫的薄纱衬衫上装饰着各种配件都是从放大镜上取下的，有些项链挂件也是用放大镜的玻璃碎片制成的，还有一些如彩虹般的彩色丝带被缝制在外套的里子上。这个设计系列表现出我在当时的真实想法，有点狂野和凌乱，有可能不太符合那时的时尚标准。我把我的全部心血都投入到了那次创作系列中——好吧，你可能不信，但在那时我真的是节衣缩食，用节省下来的钱到处搜寻我所需要的可以用在创作上的东西，毕业设计系列就是我的一切。

在毕业秀开始之前，我经历了一段最刺激的等待时间，我想我体会到了各种情绪波动——激动、紧张、释放、害怕又伴随着难以抑制的兴奋。相比收获到的成绩，我为这场秀付出的全部都是值得的——我几乎耗尽了全部心血在剪裁、缝制和搭配那些准备登上伸展台的设计里。一切的努力都是为了那个最闪耀的时刻。那种感受就如同是在你游泳的时候为了身体不会下沉而努力向上游着，要想学会飞行就要做好从悬崖上跳下去的决心！我把我所学的，我的希望和梦想都全部倾注在了这个设计系列中。这让我想到了查尔斯·狄更斯在《双城记》中的一段描述“这是最好的时代，也是最坏的时代”。这段描述正是我对我所创作的那场革命的真实感受……

这是一个学生时期的时装秀，正如我所说的，根本就没有足够的预算，但是每一套服装都需要找到更适合的面孔来穿着演绎。当时的卡米拉·尼克森（Camilla Nickerson，现在是传奇造型师），保罗·弗雷克（Paul Frecker，造型师转型成为19世纪影像作品经销商），巴里·卡门（Barry Kamen，模特和艺术家），他们都是非常了解我的人，了解我在寻求变革的精神世界。他们是我的朋友，然后他们在介绍朋友，通过朋友的朋友找到适合的模特，或是找到谁的面孔更适合演绎我的服装。

这场秀获得了巨大的成功！这超出了我想象，为接下来的一切设定了很高的门槛。真的太高了！这太疯狂了——就在秀之前我还是名学生，秀之后我成了一名设计师，几乎每个人都认识我，知道我是谁。我没有想到在模特们还没有换下秀场上的服装时，布朗时尚精品买手店的波斯坦夫人就已将我的设计系列全部买下……她真的是太棒了。那是一段旋风般的时光，我没有时间去想其他多余的事情，要加快脚步跟上创作的期限。我常会推着一杆衣服在牛津街上穿行，几乎全天都在为准备这场秀而忙碌着，还会叫上我的同伴们过来帮我赶制出越来越多的服装！那真是一段令我陶醉又很疯狂的时光！

现在的我仍然为那个系列而着迷，那个系列已经成了加利亚诺DNA的重要组成部分，那个设计系列定义和证明了我……我认识一些拥有“不可思议的人们”系列中部分作品的人，这些人当中有一些是我的朋友，有些人是收藏家，我已经设法去找回了该系列中的几件作品。几年前我发现了那个系列中的一顶帽子，感觉到了和老友再次相聚般的喜悦。可以再一次看到我早期的设计作品，我真的太开心了，想带上它去参加派对，看上去一定会很棒……这就是我为之付出努力的原因！

JOHN GALLIANO

TO CONTACT JOHN

TEL: 01 693 2712

'A return to Romanticism...

but also Androgynous.

'This is a concious rejection

of continental tailoring.

It is interchangeable,

seasonless and infinitely

easy to wear.'

* John has worked for

Stephen Marks and Tommy

Nutter.

He has also done some

Fashion Illustration in

New York, London and

Milan.

ST. MARTINS

THE GRADUATES

BA. FASHION

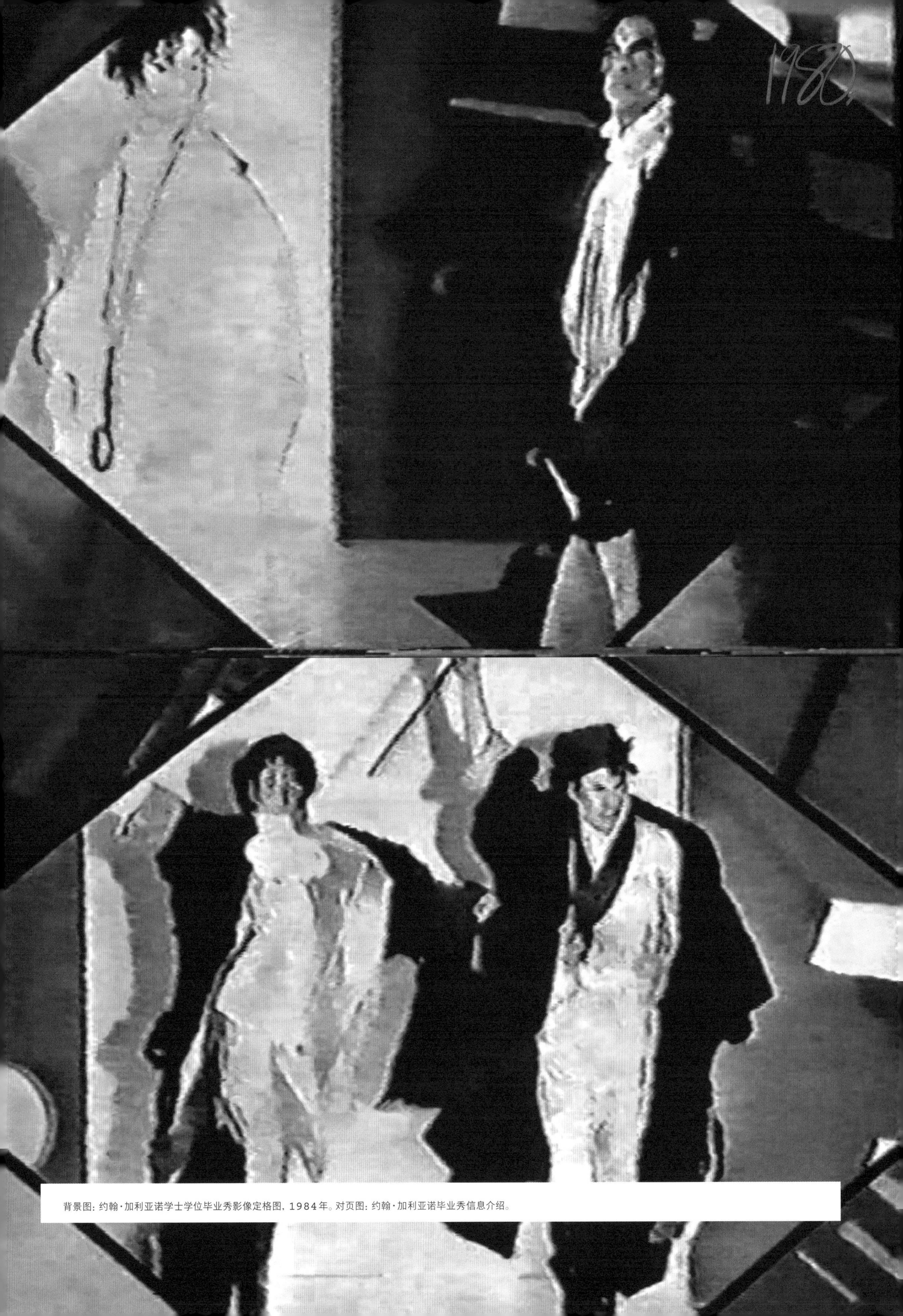


背景图：约翰·加利亚诺学士学位毕业秀影像定格图，1984年。对页图：约翰·加利亚诺毕业秀信息介绍。

背景图：约翰·加利亚诺的学士学位毕业秀场图，1984年。上图：约翰·加利亚诺的毕业设计作品，1984年。对页图：强尼·罗莎（Johnny Rosza）为杂志拍摄的约翰·加利亚诺的毕业设计作品。

1980s

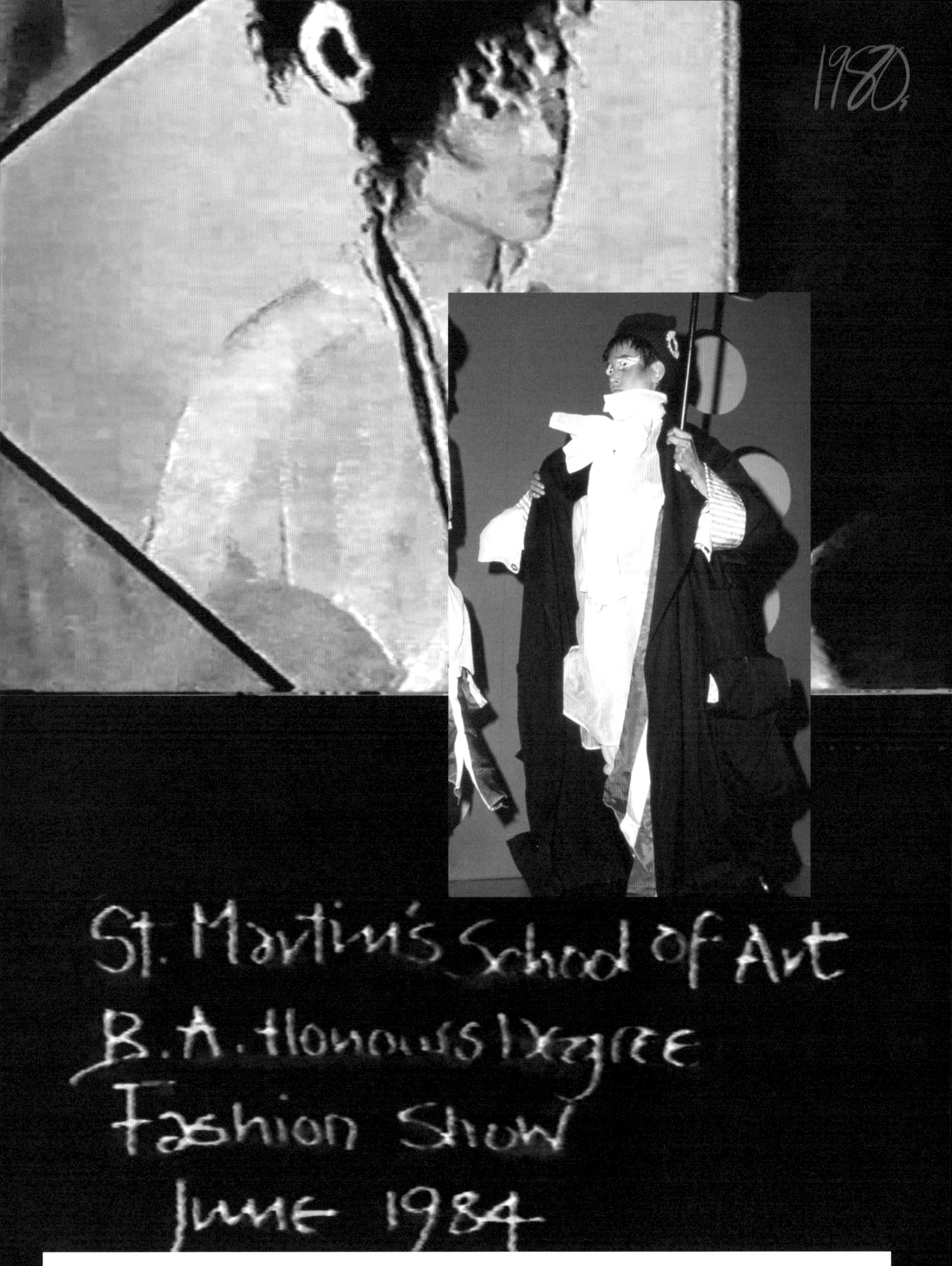


对页图和本页图：约翰·加利亚诺学士学位毕业秀场图，1984年。

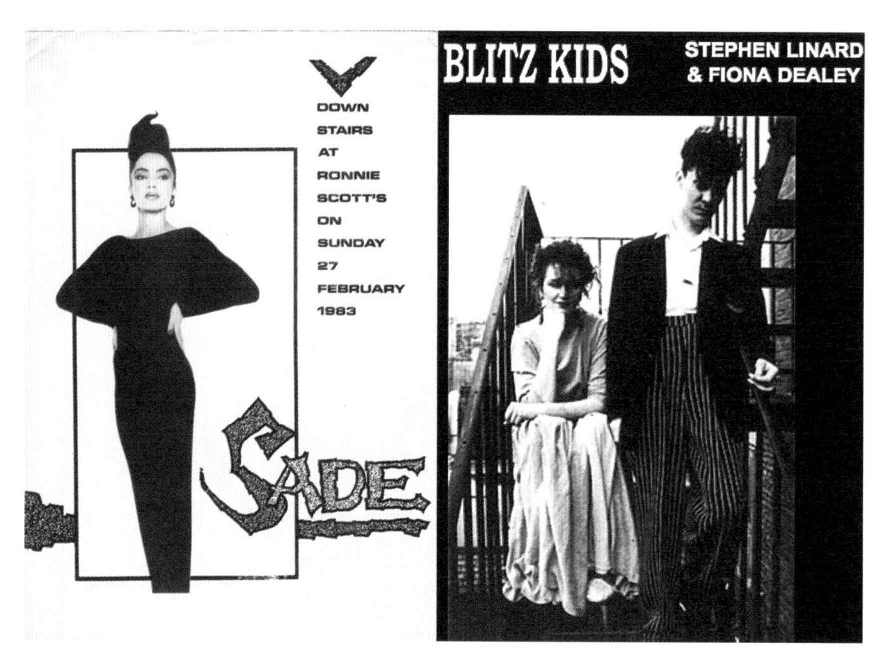

Ronnie Scott俱乐部的传单，Sade出现在菲奥娜·迪利的设计中，1983年；"Blitz Kids"菲奥娜·迪利和斯蒂芬·林纳德，1981年。

## 菲奥娜·迪利（Fiona Dealey）（学士学位 1981年）

戏服设计师

她拥有自己的商标品牌Company Zwei；曾为Sade（英国爵士女歌手）做过设计

**你能描述一下你在学生时期印象最深刻的事吗？**

我在学习期的第三年参加了"校季旅行"去了巴黎。我当时非常急切地想看穆勒（Mugler）和蒙塔娜（Montana）的时装秀，我穿上了自己设计制作的阿斯特拉罕羊毛大衣，长度到脚踝处，戴着帽子和长手套，站在秀场外徘徊，我不知道要怎样才能进入秀场。一位摄影师走近我对我说他很喜欢我的"着装搭配"。我向他表示了感谢并讲述了我当时的尴尬处境。他回答说："好吧，你可以试着直接走向秀场入口，你边走我边给你拍照，这样你就可以骗过入口处的保安，让他们以为你是受邀出席看秀的重要人士！"我真的就那样照做了，我看到了最精彩的时装秀，真的超棒，我受到了很大启发。结果这位摄影师又用同样的方法帮我进入了蒙塔娜的秀场。当我离开的时候，我对他表示了深深的感谢并问他："你叫什么名字？""比尔·坎宁汉（Bill Cunningham）。"他回答说。

## 斯蒂芬·林纳德（Stephen Linard）（学士学位 1981年）

时装设计师

1982年，发表过两季女装设计系列
1983年，任Jun Co（东京）设计师
1986年，推出品牌Powder Blue
1989年，任品牌Drake's的时装设计师

斯蒂芬·林纳德，*Camouflage magazine*杂志，1980年。

**在你看来，为什么圣马丁学院的时尚系会有现在的成就？**

我认为这里的学生来自不同的背景与国家，时尚系更像是一个交流中心，大家在这里相互交流学习。我是在20世纪70年代末进入圣马丁学院的，那是一个令人激动的时期。每个学年专业课程的学生人数只有15或16人，以那时的导师与学生的授课比例来说，学生会获得更多的指导。

**在圣马丁学院学习期间，有没有哪位导师或学生对你的影响特别大？**

马克·塔巴德（Mark Tabard），他教会了我很多服装制版和男装结构的缝制技术。对我最有影响力的学生是金·博文（Kim Bowen），她帮助我将个人风格发挥到了极致。

**你在圣马丁学院学到的最重要的三件事是什么？**

1.服装制版和缝纫。
2.享受在伦敦生活的一切。
3.自信。

**对那些有理想或现在正在学习时尚的学生们有什么建议吗？**

要学习商业管理课程！

# 约翰·弗莱特（John Flett）（学士学位 1985年）

1980s

## 时装设计师

1986年，推出个人品牌
1989—1991年，先后在巴黎的Claude Montana和佛罗伦萨的Enrico Coveril任助理设计师

“约翰·加利亚诺最亲密的朋友是约翰·弗莱特（他和我是同届，也是我的好友），他有着惊人的天赋和高超的制衣技术。他是那种不用服装纸板就可以直接在面料上裁剪并缝制出完美衣服的人，所有那种高难度的曲线和旋转式的设计都能在他的手上变得那么合身舒展。”

哈米什·鲍尔斯（Hamish Bowles）

约翰·弗莱特，学士学位毕业秀场图，1985年。

# 哈米什·鲍尔斯（Hamish Bowles）（1984年中途退学）

时尚新闻记者和时装编辑

1984—1992年，任*Harpers & Queen*杂志时装编辑，之后升任时装总监；1989年任造型总监
1992年，加入美国版*Vogue*杂志
1995年至今，美国版*Vogue*杂志资深编辑

哈米什·鲍尔斯，1982年。

**在你看来，为什么圣马丁学院的时尚系会有现在的成就？**

我认为这里培养了学生独立思考的能力，鼓励和启发了学生的创造力和想象力。我在圣马丁学习期间，会同其他艺术专业的学生进行有趣的交流与对话，我更喜欢接触绘画系的学生。

**是什么让圣马丁学院的时尚专业有别于其他院校的时尚专业？**

以我的经验来看，区别就是圣马丁学院有一种强烈的集体自信感，这份集体自信就如同异花授粉般在学院内各艺术专业系和时尚系的学生们之间传播，很多人深受鼓舞。

**是什么原因让你选择了圣马丁学院？**

直率地说，我是在读了杂志上的许多关于圣马丁毕业校友们的报道文章后被吸引来的，包括有备受媒体关注和追捧的浪漫主义新星斯蒂芬·琼斯和金·博文，还有在校生斯蒂芬·林纳德。在我看来，这里更像是一个极富创意和新风尚的温床。我几乎参观了所有当时在英国处于领先地位的各院校时尚专业和戏服设计专业（当时我在这两门专业之间摇摆不定），但我只有在圣马丁学院才感受到了那种充满创造力的氛围。

哈米什·鲍尔斯的设计手绘图，约1982年。

**在校学习期间有令你记忆深刻的事吗？**

那是我第一次的时尚传媒课业项目，是在费利西蒂·格林（Felicity Gre-en）的指导下，采访鼎鼎大名的尼尔·"兔子"·罗杰（*Neil 'Bunny' Roger*），他可是英国最后一位名副其实的翩翩绅士。这次采访经历让我对许多方面的看法都有所顿悟。他对战争时期的同性生活生动且未经过滤的记忆，他为当时许多时尚女星做设计的往事，以及他自己在服装搭配和室内装饰方面的极高品位，都成了我日后生活的风向标，他深深地影响了我。

**在圣马丁学院学习期间，有没有哪位导师或学生对你的影响特别大？**

我们都很崇拜约翰·加利亚诺，他是我上两届的学长，我上学那时他已经是一位耀眼的明星了。他的"不可思议的人们"毕业设计系列是我所经历过的最激动人心的时装秀之一，从音乐到模特的演绎，从妆发到配饰，每一个细节都堪称完美。我清楚地记得那时在圣马丁学院的图书馆里，看到约翰正在速写本上画着他那些非凡的毕业创作时的样子，他故意躲藏在书堆后面，躲避那些窥探的眼神。

哈米什·鲍尔斯的设计手绘图，约1982年。

**你在圣马丁学院学到的最重要的三件事是什么？**

1. 深入研究和了解时尚、艺术和设计发展历史的重要性。
2. 时尚源于多方面文化的影响与滋养，如音乐和夜店文化，政治、艺术、流行文化和历史，学习了解这些文化对时尚所产生的影响和这些文化所处的时代背景是很重要的。
3. 学会相信自己。

**对那些有理想或正在学习时尚的学生们有什么建议吗？**

我想很重要一点就是，毕业后还是要先跟着知名设计师或品牌工作比较好，之后再创建自己的品牌。有如此多的设计师充满了才华和雄心，在离开圣马丁学院以后就立刻创建了自己的品牌……随后他们会被管理和维持自己的时装生意的各种复杂问题所困扰。我认为更深入地了解行业的实际情况将有助于打造可持续性发展的品牌。

从设计方面来讲，**我认为最有必要的是要忠实于自己并创造出一个属于自己的真实世界。**

# 塔尼亚·玲(Tanya Ling)(学士学位 1989年)

## 艺术家和时尚插画师

1989年，为多罗蒂·比斯(Dorothée Bis)和克里斯汀·拉克鲁瓦(Christian Lacroix)工作
1996年，首次举办个人展览
2002年，推出个人成衣品牌
2002年，获得*Observer*杂志评选的年度最佳设计奖
2009年，被任命为品牌Veryta创意总监

塔尼亚·玲的速写本内页图，1986—1989年。

**在你看来，为什么圣马丁学院的时尚系会有现在的成就？**

是因为这里的学生们。中央圣马丁学院吸引了最有抱负和最具才华的学生来此求学。在这些人中，没有才华的学生会用自己的雄心壮志来弥补，没有雄心的人会用才华来展示自己。

**是什么令圣马丁学院的时尚专业有别于其他院校的时尚专业？**

是学院的历史。在这里无论你有多优秀，都不可能变得骄傲自大，因为有太多的毕业生都成了优秀的设计师。

**在校学习期间有令你记忆深刻的事吗？**

那是我入学的第一天，我和另外两个人乘坐同一部电梯，其中一个人就是威廉·玲(William Ling)。我看着他并暗下决心，我想和他结婚，和他生三个孩子。

**学院里有没有哪位导师对你的影响特别大？**

埃里克·斯坦普(Eric Stemp)。他教会了我们如何手握铅笔，并告诉我们坐在驴子椅式画架(donkey ease)上要一直保持笔直的坐姿。

**你在学院学到的最重要的三件事是什么？**

我在学院里学会了很多重要的事情而且在毕业以后很快就用到了。

1. 我的毕业秀让我名利双收。
2. 我的职业生涯不能只靠天赋；我需要快速学习和掌握很多应用技能去跟上那些比我更有雄心壮志的同事们。
3. 当你初次进入到服装公司工作时，会得到重视与欢迎，作为一名世界上最负盛名的时尚系的毕业生，你要展现出与其名匹配的实力和专业能力，否则你会很快被扫地出门而有损圣马丁之名。

**你对那些有理想或正在学习时尚的学生有什么建议吗？**

不要紧跟随时尚，那会成为笑柄。要去追求你自己感兴趣的东西和事物，那样你就会找到并发现值得分享的东西。

# 西蒙·福克斯顿（Simon Foxton）（学士学位 1983年）

造型师

西蒙·福克斯顿于1983年毕业于圣马丁学院，学习期间受过希拉赫·布朗、彼得·刘易斯-克朗（Peter Lewis-Crown）和马克·塔巴德的指导。依照福克斯顿的说法，学院的地理位置、历史和声誉是时尚系成功的关键。

**“从1979年到1983年在圣马丁学院学习的这三年是我经历的最美好的一段时光。在那一时期的Blitz式的后朋克风格和新浪漫主义风格都不符合常规审美标准。”**

**西蒙·福克斯顿**

毕业后他创立了自己的设计品牌名为Bazooka，随后在1984年，福克斯顿开始为*i-D*杂志做造型工作。从那时起，他为多家杂志社做造型，包括有*The Face*、*L'Uomo Vogue*、*Vogue Hommes International*、*Arena*、*Arena Homme+*、*Fantastic Man*、*W*和*GQ Style*。2009年，他的男装造型作品展在伦敦的摄影师画廊（The Photographers' Gallery）举办。

福克斯顿还担任过许多时尚品牌的创意顾问和艺术总监，包括Levi Strauss、Nike、Mandarina Duck和Stone Island。他和尼克·格里菲斯（Nick Griffiths）一起合伙经营创意品牌&Son。他还是皇家艺术学院男装设计课程的客座教授，2015年他被该学院授予荣誉院士。

西蒙·福克斯顿和他的朋友们，1979—1982年。

福利特·比格伍德设计的面料，1989年；福利特·比格伍德的毕业设计系列，1989年。

# 福利特·比格伍德（Fleet Bigwood）（硕士学位1989年）

面料设计师和教育家

1993年至今，任时尚纺织硕士学位预科课程导师

**在你看来，为什么圣马丁学院的时尚系会有现在的成就？**

教学方法、学生们所具备的能力、张弛有度的课程安排和自主的态度。**学生可以任意发挥创意，这真的是很棒。**在我们的教室里产生的大量设计概念和作品的创意理念都是通过学生与导师之间一对一的交流而得来的。看到作品从最初的设想到最后的成品，这个过程让人兴奋，也令人感到荣幸，因为就在作品被呈现的那一刻，它就真实的存在了，脱离我们的双手，面向公众了。

**是什么让圣马丁学院的时尚专业有别于其他院校的时尚专业？**

是学院的历史。圣马丁学院更像是一个开拓者。在艺术教育领域，没有任何一家学院可以与之媲美。这里的教职员工、声誉地位、所在地理位置和今天的成就，还有文化背景多样性的校友们……

**是什么原因让你选择了圣马丁学院？**

当然是因为时尚，还有学院就在市中心，我在那里遇到的很多学生会经常出现在*i-D*杂志上，在当时那本杂志是我们的时尚圣经。

**在学院学习期间有令你记忆深刻的事吗？**

当我睁开双眼我看到了什么是真正的时装设计，理解了面料与衣服之间的关联……也是在那段时间我遇到了路易斯·威尔逊（Louise Wilson）。我们很快建立了紧密的联系。她是我的导师、朋友，然后在接下来的30年我们又成了同事。在我还是学生时还很懵懂的时候，她会明确指出我的专长。她对学生优点的认可和诚实的反馈，是这门课程成功的关键。

福利特·比格伍德设计的面料，1989年。

**对那些有理想或正在学习时尚的学生有什么建议吗？**

持有个人观点是非常重要的。

# 艾德里安·克拉克（Adrian Clark）（学士学位 1989年）

## 编辑和造型总监

2003年，被任命为Topman的品牌顾问
1995—2000年，任英国*Attitude*杂志时尚与美妆版块总编
2000—2007年，任英国*Loaded*杂志时尚与美妆版总编
2005年，担任时尚品牌Jasper Conran的时装顾问
2007—2018年，任*ShortList Mode*杂志编辑和*ShortList*杂志的造型总监

为《英国晚报》、《观察家报》、《星期日泰晤士报》、*HN*杂志、*The Face*、*Arena*杂志、《卫报》、《独立报》、《每日电讯报》、哈洛德百货（Harrods）和品牌Louis Vuitton撰写文章。

**在你看来，为什么中央圣马丁学院的时尚系会有今日的成就？**

很大程度上是因为学院的地理位置占优势。当我在圣马丁学院学习时，时尚传媒与推广课程就设立在位于市中心的查令十字路上的那个校址。那是一段令人兴奋和激动的时光，围绕在学院周围有各种各样的景观和许多“色彩缤纷”风格各异的人们，你的思想会受到周围的影响，激发你的创造力为你带来更多灵感。我清楚地记得，在我开始入学的第一周，我的导师林恩·R.韦伯（Iain R. Webb，他与那个众所周知的朋克乐队Blitz Kid是同时代的人）把我带到一边，然后告诉我，虽然上课和完成课程作业都很重要，但是如果我可以参加一些地下夜生活去夜店转转，我会接触到很多东西，也会看到很多景象，对我来说没有什么会比这些经历更能影响到我。

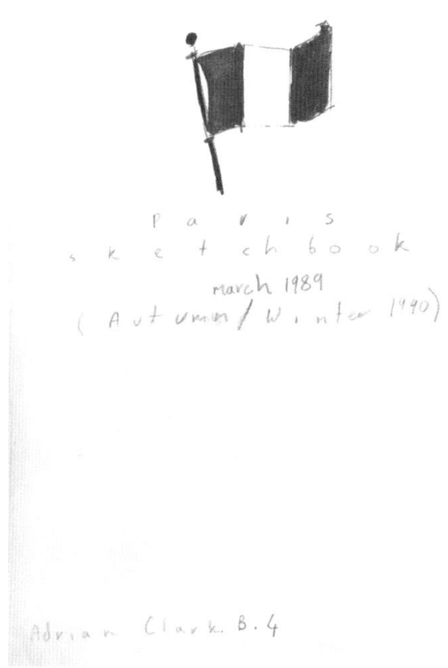
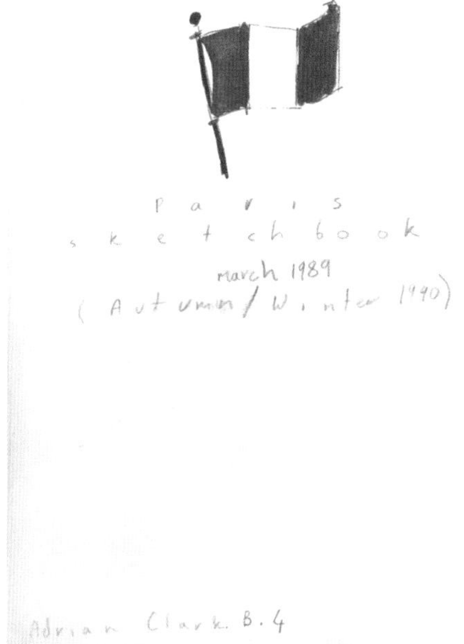

**是什么样的教学/授课方式产生了如此大的影响？**

这里的教育模式是更倾向于让学生自己去探索和发展自己的创意构思，而不是被塑造和任意指挥。以我在不同大学任教的经验来讲，中央圣马丁学院内有一种独具特色，而且很特别的教学方法，那是一种被表示怀疑的人认为是非结构化的教学模式，但我更愿意将其描述为无约束的教学方式。不要误会我的意思，教育是很重要的，知识就是力量，但是中央圣马丁学院的教育优势就在于可以给予学生们自由表达的权利。

艾德里安·克拉克的巴黎之行速写本中节选页，与凯万·汤姆林（Kevan Tomlin）合作绘制的插画，1989年。

# 卡琳·富兰克林（Caryn Franklin）（研究生POST-GRAD 1981年）

教育家和时尚评论家

卡琳·富兰克林，1981年。

我在圣马丁学院读研究生时是在1981年，我花了很多时间在摄影上，我大都在拍摄夜店的伙伴和设计师朋友们，一些人会觉得我是在浪费时间，但作为一名无足轻重的艺术生来说我觉得这么做很有必要，或许某一天，我对人们各自风格特征的影像捕捉，会被某位著名的评论家或是国际公认的媒体所认可，这些照片会具有应用的价值。当时，位于伦敦长英亩上的学生摄影工作室几乎成了我的家，那里的工作人员都对我很好，在那里我获得了捕捉真实世界影像的拍摄经验，我会为*New Sounds*、*New Styles*和*i-D*杂志拍摄赚取佣金，同时还会为一些独立唱片公司做拍摄工作。

我的记者生涯是从毕业以后开始的，我先是为*i-D*杂志工作了六年，又为英国广播电视公司（BBC）工作了15年，之后我开始扩展我的从业范围，会给一些隐形客户做顾问咨询工作、从事写作和出版项目、从事身形影像的研究、做教育工作，以及现在开始从事一些有关心理学的工作。作为一名媒体人，这些多方面多层次的从业经验让我的眼界和观点更加鲜明和独树一帜。 时尚带给我们的是理想化的自我和故事，而关于时尚外衣下的真实自我一直是我在仔细研究的解构理论。好的艺术学院应该有重新解构教学内容、破坏和废除老旧教学体制的自由。

中央圣马丁学院一直是提升创造力的温床，许多的人都将这里视为自己一心向往的神圣之地，意图在这里学习获得更好的未来前景。学院强调更具艺术化的教育理念一直饱受攻击，这里是最适合培养自由的思想家、创意冒险家、颠覆者和创作者的地方。在今天民粹主义政治和快速发展商业化的大环境下，必须要有一个关键性的挑战当下主流文化的声音出现，发出这种挑战声音的人群就是来自该学院的创意者们。

在中央圣马丁学院学习的时候，我找到了自己的信念，我秉持着这份信念去学习和追求着自己的事业。一想到这些就会令我激动，我在这所学院提升和完善了自己，我想在这里学习的其他学生们也会有同样的感受。

背景图：在查令十字路学院内的挂衣杆。右图：卡琳·富兰克林在时装秀伸展台上，约1981年。

# 林恩·R.韦伯（Iain R. Webb）(学士学位 1980年)

1980s

作家、策展人和时尚教育家

1982—2004年，先后任多家媒体时装编辑，*BLITZ*杂志、《英国晚报》、*Harpers & Queen*杂志、《泰晤士报》、*Elle*杂志、俄罗斯版*Vogue*杂志等
2005—2013年，先后任中央圣马丁艺术学院时尚系教授、皇家艺术学院时尚系教授
2016年至今，任金斯顿艺术大学时尚与设计系教授；中央圣马丁艺术学院与英国巴斯斯巴大学（Bath Spa University）交流课程讲师；任*Ponystep*杂志时尚版块资深主编

**在校学习期间有最令你记忆深刻的事吗？**

在我学业的第二年，我以玛丽林（Marilyn）为创作原型设计了一个时装系列，玛丽林是我的一个朋友，他是伦敦夜店文化人群中最亮丽的风景线。玛丽林是一个漂亮的男生，他装扮得就像是一个真正的好莱坞巨星，因此我的这个设计系列以白色和金色为主，展现出50年代的风格特征。为了强调出一种卡通质感的好莱坞版玛丽林的形象（弱化了玛丽林的外形轮廓线条，增加了现代感），所以我设计的服装很平面化，更像是二维平面的设计。当我选择用粗硬的棉布buckram（一种用来支撑面料的衬布，使衣服变得挺括）来裁制我设计的服装时，教我们缝纫的老师告诉我，用这种面料不可能裁制出我想要的效果。所以在接下来的几天，我一直努力测试样衣，一次次的剪裁缝合和调整测试，当我完成缝合臀部的两片三角形插片之后，我终于得到了我想要的效果。但我一直不是很肯定这种挑战导师认知的尝试是不是会得到导师们的认可（我更希望会被他们认可），之后这个想法激发了我对教育事业的热情，让我带着这个信念投入到教学事业中。

本页图从左上起顺时针方向：林恩·R.韦伯，1978年；林恩·R.韦伯，1980年；林恩·R.韦伯第一学年课业设计手稿，1978年；达吉·菲尔兹（Duggie Fields）的名片和名为"Miro，Miro"的画，以及林恩·R.韦伯的毕业设计手稿，1980年；朱莉娅公主（Princess Julia，英国音乐人、女演员）身穿林恩·R.韦伯的毕业设计作品，1980年。

# “夜店，我们的狂欢夜生活”

林恩·R.韦伯撰文

林恩·R·韦伯和菲奥娜·迪利（Fiona Dealey），约1980年。

圣马丁学院的时尚系学生们总会成为伦敦夜店内最时尚的风景，让那里变成了值得一去的地方。几十年来他们跳舞、喝酒、摆弄着造型，做出挑战传统观念的举动，一次又一次，一晚又一晚，一年又一年地重复着这样的夜生活。带着那份年少轻狂，在一家夜店尽兴过后又会转到另一家。

在20世纪50年代和60年代，可以在名为The Whisky-A-Go-Go和The Establishment的夜店找到这群人，但除了这两家是最常出入的夜店之外还有其他家。在20世纪80年代更名为Wang Club，由奥利·奥唐纳（Olli O'Donnell）和圣马丁的校友克里斯·沙文利（Chris Sullivan）合伙经营。

在20世纪70年代，人们会看到一些华丽朋克摇滚（glam-meets-punk）造型风格的时尚系学生们（我在他们中间）出入那些隐藏在角落里的规模较小的男同性恋夜店，像是位于金斯顿区的Sombrero或Louise's，主要是因为附近也没有别的地方可去，因为在中心地段大都是女同性恋者出没的夜店。在男同性恋夜店里，你可以随心所欲地装扮自己也不会惹麻烦，正如我们所知，圣马丁时尚系的学生们从来都不需要穿衣装扮的理由。那时候我们喜欢用蜜丝弗陀（Max Factor）的彩妆化着精致厚重的妆容（男孩和女孩都化妆），着装华丽的混搭风格（Antony Price的精品店Plaza里买的开叉拉链T恤搭配嵌着塑料制铆钉的Fiorucci品牌的裤子），这样的装扮风格意味只有少数的公众场所会让我们进入。我们会毫无羞涩感肆意地在灯光闪耀的舞池里舞动着，在镜子球下，伴着西尔维斯特的《你让我感受到（伟大的真实）》[*I Sylvester's You Make Me Feel (Mighty Real)*]高能迪斯科音乐跳得头晕目眩，同时透过墙面上连排的镜子看到了自己的一举一动。

1978年的秋天，位于W1区麦尔德大街（Meard Street）上的Billy's夜店举行了“鲍伊之夜”，在那里你会发现很多标新立异的竞争者、年轻的模仿者，还有史蒂夫·斯兰奇（Steve Strange）居然站在门口。每个人都彼此认识，彼此心照不宣地聊着八卦。

在夜幕降临后，我和我的朋友们，其中有我的室友斯蒂芬·琼斯（杰出的女帽设计师，是我上一届的学长）和菲奥娜·迪利（她为女歌手Sade设计了标志性的深V露背裙，是我下一届学生）常会出入于圣马丁学院周边或是伦敦的中心地段甚至是更远一些的夜店，我们已经成为新浪漫主义或Blitz夜店风格流派的风向标。我们更像是生活在社会边缘的局外人，但我们在创造属于自己的另类文化。这是我们共同的目标。我们有着同样的价值观、共同努力创造着时尚，影响着我们的生活环境和氛围。我们常会提前计划并制定一周内要去的夜店名单，每晚至少要换三家店，但最后我们习惯回到一家华丽的私人夜店或是卖酒窝点，在这两个场所之间游离，感受既真实又刺激。

另一个朋友斯蒂芬·林纳德是菲奥娜的同班同学，他更喜欢去位于瓦尔杜街（Wardour Street）的一家叫St Moritz的夜店。后来在Wang Club夜店，他组织并主持了一场主题为“纯粹的时装精”（Total Fashion Victim）的活动，那场活动真的是非常有趣，就像斯蒂芬的着装风格一样丰富多彩。

名单上的夜店名字还在持续增加，大概有100家左右，包括The Roxy、Bang、Cha-Cha's[大门上挂着朱迪·布莱姆（Judy Blame）和斯卡利特·坎农（Scarlett Cannon）的照片]、Planets[会循环播放乔治男孩（Boy George）的唱片]、Heaven and Hell、Maunkberry's、The Embassy、Le Kilt、Le Beat Route、Club For Heroes、Adams、Copacabana、The Wag、Scandals、Daisy Chain、Dirtbox、White Trash、The Mud Club、Pink Panther and Leigh Bowery's Taboo等。在Maximus，每个月都会举办一次时尚派对，由我们最喜爱的托尼·戈登主持，他在Taboo夜店常会装扮成直男的形象来配合雷夫·波维瑞（Leigh Bowery）的贵妇造型。我们有着全城最长的宾客名单，但是门口等待进入的队伍越排越长。圣马丁学院时尚系的学生们不是很喜欢去位于莱斯特广场的名为Kinky Gerlinky的夜店，虽然那里距离学院只有一步之遥，还有离学院较远一些位于东边的夜店，如Fabric或是Trade名下的Turnmills。

派对场景，20世纪70年代。

到了千禧之交，一些夜店如Kashpoint、Popstarz、The Cock and Nag Nag Nag因为出入的多半是易装癖和游走在法律边缘的人群而变得岌岌可危。

近年来，一些新起的夜店如Boombox、Dalston Superstore, Sink The Pink、Loverboy[由圣马丁的硕士毕业生查尔斯·杰弗里（Charles Jeff-rey）做的设计企划案]、The Glory、The George and Dragon、and The Queen Adelaide已经成为伦敦东区最受欢迎的夜店。有趣的是，圣马丁学院随后在2011年搬迁至距离这些夜店较近的位置，这难道是巧合吗？

圣马丁学院时尚系的学生们因其良好的行为素养在这些夜店中一直赢得很好的声誉，这些学生们天生自带一种反叛的个性，他们是通过对时尚的理想、性别和个人风格的探索来表达和发泄的。白天他们从事时尚的学习和实践，夜晚更像是对理想的歌颂。夜店就是他们理想的伸展台。那是一个可以尽情展示和炫耀自己的地方（感谢麦当娜）。确实如此。

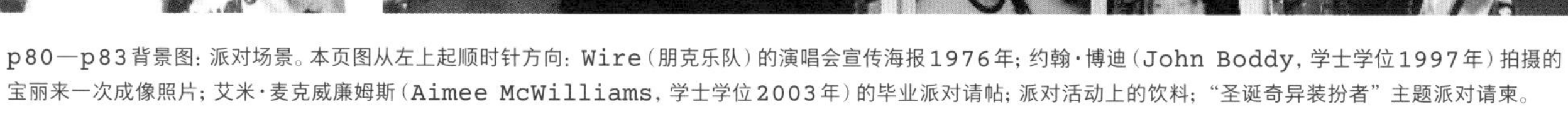

p80—p83背景图：派对场景。本页图从左上起顺时针方向：Wire（朋克乐队）的演唱会宣传海报1976年；约翰·博迪（John Boddy，学士学位1997年）拍摄的宝丽来一次成像照片；艾米·麦克威廉姆斯（Aimee McWilliams，学士学位2003年）的毕业派对请帖；派对活动上的饮料；“圣诞奇异装扮者”主题派对请柬。

本页图从左上起顺时针方向：“圣诞奇异装扮者”主题派对请柬；托尼·布莱兹（Toni Blaze学士学位2015年）；“圣马丁学院最惊艳圣诞舞蹈”海报，20世纪70年代；时尚传媒与推广系（FCP）的酒吧问答传单；“热辣舞”（Dirty Dance）海报，约1973年；约翰·博迪拍摄的宝丽来一次成像照片。

# 第四章：20世纪90年代

20世纪90年代是时尚与纺织设计系蓬勃发展的时期。1984年4月，原中央艺术与设计学院的纺织系主任简·拉普里（Jane Rapley）被任命为时尚系主任直到2006年，后接替玛格丽特·巴克（Margaret Buck）任院长一职。在莉迪亚·凯梅尼离开时尚系以后，由纺织设计课程导师彼得·皮尔格林（Peter Pilgrim）接管时尚系，被任命为该系系主任，任期两年。彼得·皮尔格林在圣马丁执教之前是切尔西艺术设计大学设计系主任；随后温迪·达格沃西（Wendy Dagworthy）被任命为时尚系课程总负责人（1989—1998年），她是一位受人尊敬的时尚专业人士和校外评审官。她与校外的一些行业制造商联合设立了一些合作项目，这些制造商包括Barbie、Triumph、Viyella和Wolford。1992年，时装设计学士学位课程进行了重组：有五项专业类课程可供选择，在原有开设的专业类课程基础上又增设了男装设计、时装设计与营销、时装与针织设计。1994年的一篇标题为“时尚的温床”的文章中，琳达·沃森（Linda Watson）这样写道：“即便是这家学院最坚定的批评者也不得不承认的事实就是，圣马丁学院培养出越来越多的明日之星，远超出英国任何一所大学。”学士学位毕业生包括有克莱门茨·里贝罗（Clements Ribeiro，1991年毕业）、贾尔斯·迪肯（Giles Deacon，1992年毕业）、凯蒂·格兰德（Katie Grand）、侯赛因·卡拉扬（Hussein Chalayan）和安东尼奥·贝拉尔帝（Antonio Berardi）都是于1993年毕业、马修·威廉姆森（Matthew Williamson，1994年毕业）、斯特拉·麦卡特尼（Stella McCartney，1995年毕业）、菲比·费罗（Phoebe Philo，1996年毕业）、莎拉·伯顿[（Sarah Burton，原名赫德（Heard），1998年毕业]和里卡多·堤西（Riccardo Tisci，1999年毕业）。

Capo di Louise Wilson, vincitore
della competizione Levi's


路易斯·威尔逊获得李维斯牛仔装（Levi's denim）设计大奖，1986年。

十多年来，时尚硕士学位课程在鲍比·希尔森的领导下已经蓬勃发展起来：虽然她认为自己最伟大的成就是发现了亚历山大·麦昆的潜力，但还有许多学生认为自己在事业上的成功要归功于鲍比的教导。1992年，鲍比·希尔森被任命为时尚系对外事务主管直到2012年退休。路易斯·威尔逊（Louise Wilson）是硕士学位课程获奖毕业生（1986年毕业），在1992年接替鲍比成为时尚硕士学位课程的负责人，巩固了时尚系在业内的地位，提升了作为一所时尚人才辈出的艺术学院的全球声誉。时尚硕士学位毕业生包括有亚历山大·麦昆（1992年毕业）、大卫·卡波（David Kappo，1995年毕业）、谢利·福克斯（Shelley Fox，1996年毕业）、安德鲁·格罗夫斯（Andrew Groves）和特里斯坦·韦伯（Tristan Webber）都是1997年毕业、洛克山达·埃林希克（Roksanda Ilincic，1999年毕业）。

路易斯·威尔逊，约2007年。

在你还没有见到路易斯·威尔逊之前可能会听说过她对学生凶巴巴的，连她自己都承认自己是“粗鲁专横的泼妇”。但是她有一种超乎寻常的能力，就是能把学生潜在的优秀才能挖掘出来。许多学生在她的强硬统治下茁壮成长起来，学生们知道她对工作充满热忱，倾尽全身心在学生们的课业上。路易斯·威尔逊带领的导师团队成员都曾是圣马丁学院时尚硕士学位的毕业生们，包括弗利特·比格伍德（Fleet Bigwood，1989年毕业）、法比奥·派拉斯（Fabio Piras，1994年毕业生），他在路易斯·威尔逊之后接替其职务成为该课程负责人，还有朱莉·弗尔霍文（Julie Verhoeven，1996年毕业）。路易斯·威尔逊在2008年被授予大英帝国官佐勋章，2014年她的突然离世对学院和整个时尚行业来说都是一个巨大的损失。

1998年，温迪·达格沃西离职后接任皇家艺术学院时尚课程教授一职，由威利·沃尔特斯（Willie Walters，艺术与设计专业文凭，1971年毕业）接替温迪担任课程总负责人。威利·沃尔特斯在时尚行业内有着丰富的从业经验[与埃斯梅·杨（Esme Young）和梅兰妮·兰格（Melanie Langer）共同创建了时装品牌Swanky Modes，总部设在伦敦的卡姆登镇（Camden Town）]，她在1988年被达格沃西请来时尚系任教。在她那总是带着恶作剧般幽默感的掩饰下是她对教学工作的专业精神

和对学院的奉献与忠诚。在学院任职期间，她得到了一个亲密的导师团队（一个良性循环的团队）的支持，团队内的关系如同之前一样稳固，导师多是圣马丁的校友、工作室的技术人员和教职员工，还有负责学院入学登记事物的迈克·索西克（Mike Sossick）、时尚系不可或缺的行政管理人员彼得·克洛斯（Peter Close）和杰西·伍德（Jessie

p84-p85图：特里斯坦·韦伯（Tristan Webber）的硕士学位毕业秀，1997年。上图：路易斯·威尔逊的工作背板，2010年。

Wood）。威利·沃尔特斯深爱着自己的工作直到76岁退休，她是时尚系任职最久的一位教师。

PRE COLLECTION TUTORIAL ONLY

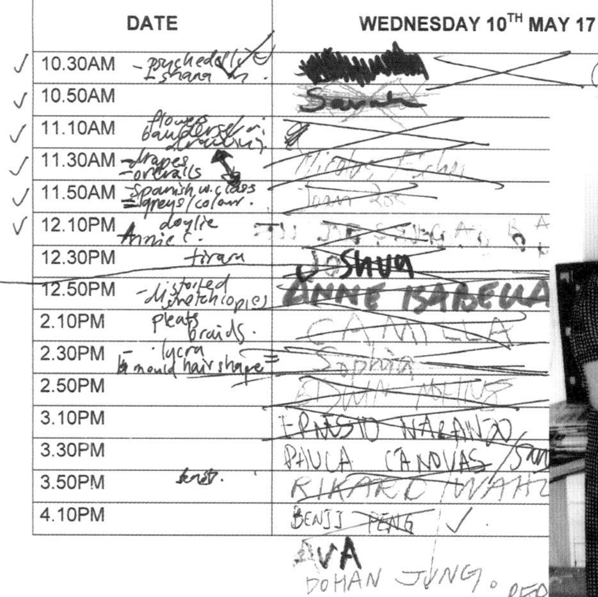

| DATE | WEDNESDAY 10TH MAY 17 |
|---|---|
| 10.30AM | |
| 10.50AM | |
| 11.10AM | |
| 11.30AM | |
| 11.50AM | |
| 12.10PM | |
| 12.30PM | Joshua |
| 12.50PM | ANNE ISABELLA |
| 2.10PM | CAMILLA |
| 2.30PM | Sophia |
| 2.50PM | |
| 3.10PM | ERNESTO NARANJO |
| 3.30PM | PAULA CANOVAS |
| 3.50PM | RIKARD |
| 4.10PM | BENJI PENG |

AVA

DOHAN JUNG

PLEASE SIGN UP FOR TUTORIAL FE

Julie Verhoeven Tutorial 10 May 17.docx

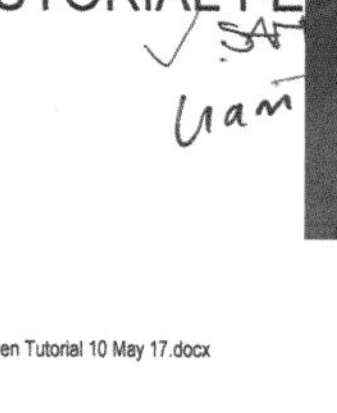

本页图从左上起顺时针方向：朱莉·弗尔霍文（Julie Verhoeven）的一对一辅导时间表，20世纪90年代；朱莉·弗尔霍文的院内通行证，20世纪90年代；苏·福斯顿（Sue Foulston）、娜塔莉·吉布森（Natalie Gibson）、林西·泰勒（Lynsey Taylor）、克劳迪·罗什（Claudie Roche）、尼尔·史密斯（Neil Smith）、霍华德·坦吉（Howard Tangye）和克里斯·纽（Chris New），20世纪90年代；一年级学生设计作品，1991年；苏珊娜·迪肯（Susanne Deeken）时尚学士学位毕业设计作品，1995年；海德尔·斯普罗特（Heather Sproat）时尚学士学位毕业设计作品，1993年。

本页图从左上起顺时针方向：罗伯特·卡里－威廉姆斯（Robert Cary-Williams）时尚硕士学位毕业设计作品，1998年；帕特里克·李·姚（Patrick Lee Yow）时尚硕士学位毕业设计作品，1996年；阿曼达·凯利（Amanda Kelly）时尚学士学位毕业设计作品，1991年；雷纳特·斯特劳斯（Renate Stauss）身穿约翰·博迪的学士学位毕业设计作品，1997年；谢利·福克斯设计的X光感面料，谢利·福克斯，硕士学位，1996年毕业；艾丽莎·帕洛米洛（Elisa Palomino）时尚硕士学位毕业设计作品，1993年；彼得·休格利（Peter Huegli）时尚学士学位毕业设计作品，1993年。

本页图从左上起顺时针方向：ITC课业项目作品，20世纪90年代；安妮-路易斯·罗斯瓦尔德（Anne-Louise Roswald）时尚学士学位毕业设计作品，1997年；特里斯坦·韦伯（Tristan Webber）时尚学士学位毕业设计作品，1995年；安妮塔·帕伦伯格（Anita Pallenberg）时尚学士学位毕业设计作品，1994年；亚当·理查德森（Adam Richardson）时尚学士学位毕业设计作品，1996年。

本页图从左上起顺时针方向：安妮·麦克罗伊（Anne McCloy）时尚学士学位毕业设计作品，1998年；简·谢泼德（Jane Shepherd）时尚学士学位毕业设计作品，1991年；彼得·卡什（Peter Cash）时尚学士学位毕业设计作品，1998年；安妮-索菲·巴克（Anne-Sophie Back）的手绘图，硕士学位，1998年毕业；西蒙·安格勒斯（Simon Ungless）时尚硕士学位毕业设计作品，1992年；Viyella课业项目作品，1992—1993年。

本页图从左上起顺时针方向：彼得·克洛斯（Peter Close），时尚系行政管理负责人，20世纪90年代；布鲁·法里埃（Blue Farrier）时尚学士学位毕业设计作品，1997年；保拉·阿卡苏（Bora Aksu）时尚学士学位毕业设计作品，1999年；斯图尔特·斯托克戴尔（Stuart Stockdale）时尚学士学位毕业设计作品，1993年；简斯·劳杰森（Jens Laugesen），硕士学位课程作品集，2002年；尼尔·史密斯（Neil Smith）时尚学士学位毕业设计作品，1996年；海德尔·斯普罗特（Heather Sproat）时尚学士学位毕业设计作品，1993年；罗西·沃林（Rosie Wallin）时尚学士学位毕业设计作品，1995年。

本页图从左上起顺时针方向：安娜-尼科尔·奇什（Anna-Nicole Ziesche）时尚学士学位毕业设计作品，1997年；肖恩·加文·奥哈拉（Sean Gavin O'Hara）［知名艺术家/作家/戏服设计师，本名：波基·奥布莱维恩（Porky O'Blivion）］绘制的哈什米·莫罗（Hamish Morrow）的肖像，约1990年；苏珊娜·迪肯（Susanne Deeken）手绘时装插画，学士学位，1995年；芬坦·沃尔什（Fintan Walshe）时尚学士学位毕业设计作品，1993年；索尼亚·纳托尔（Sonja Nuttall）绘制的时装插画，硕士学位，1993年毕业；帕特里克·李·姚，20世纪90年代。

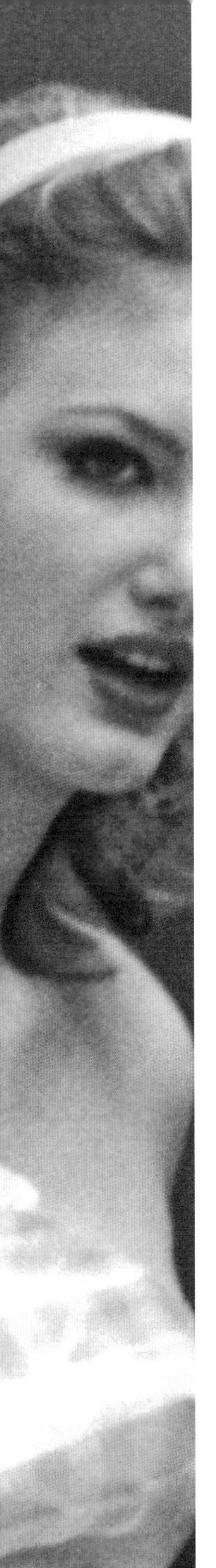

# 温迪·达格沃西（Wendy Dagworthy）

时尚课程总负责人

温迪·达格沃西曾在霍恩西艺术学院学习时装设计，并在1972年成立了自己的时装公司。她的事业在20世纪70至80年代获得了巨大成功，她的时装设计系列被销往全球市场，并定期在伦敦、米兰、纽约和巴黎的时装季举办她的时装发布展，这些成就和经历足以证明她在推动国际时装产业的发展上做出了重要的贡献。

1989年她被任命为中央圣马丁学院的时尚学士学位课程总负责人，此前她曾担任该课程的校外评审官。在她任职期间的9年里，她辅导过的设计师们包括斯特拉·麦卡特尼、侯赛因·卡拉扬、安东尼奥·贝拉尔帝（Antonio Berardi）、索尼亚·纳托尔（Sonja Nuttall）、苏珊·克莱门茨（Suzanne Clements）和伊纳西奥·里贝罗（Inacio Ribeiro）等。

时尚系主任简·拉普里描述达格沃西对时尚课程的影响时说："温迪是我们一线的救星；她非常优秀。她体内像是有磁石一样吸引着人们都心甘情愿为她工作。"达格沃西在中央圣马丁学院任职期间所获的成功很大程度上归功于她能在混乱中始终保持冷静的性格。索尼亚·纳托尔说："她是一位非常优秀的团队领导，这是团队成功秘诀的关键。她更像是你的救命绳索一样，一个既公平又诚实，让你可以绝对信赖的人。还有就是，她一直是走在最前端的人。她有着一种特别的方法，让学生们自主去思考他们要做什么样的创作和他们的创作意图。"

达格沃西说："我不想就这样一直做下去，但是当你沉浸在教学中，和学生们在一起会让你感受到活力。"她在1998年离开中央圣马丁学院，随后进入皇家艺术学院担任课程主管和教授职务。她在2011年被授予大英帝国官佐勋章，表彰她为时尚行业做出的贡献。

杰西·伍德（Jessie Wood）、温迪·达格沃西、贝蒂·杰克逊（Betty Jackson）、莎莉·布兰普顿（Sally Brampton）、大卫·奇普菲尔德（David Chipperfield）和娜塔莉·吉布森（Natalie Gibson），在为达格沃西获得教授职衔举办的欢迎会上，1998年。

背景图：女装“芭比课业项目”设计作品，1996年。上图：温迪·达格沃西，20世纪90年代。

# 路易斯·威尔逊(Louise Wilson)(硕士学位 1986年)

时装设计课程教授
萨拉·摩尔(Sarah Mower)撰文

在中央圣马丁学院的硕士学位毕业秀场后台，一位英国广播公司的记者采访了对时尚教育做出杰出贡献而被授予大英帝国官佐勋章的著名的路易斯·威尔逊教授，记者问道：“你的教学风格是怎样的?”身穿黑色羊绒外套和脚踩一双黑色的6英寸高的人字拖（这是她专为自己设计的）的威尔逊教授转过身面向记者的提问，大概有几秒钟的停顿之后回答：“我们这里没有表面上的教学风格。我们在认真地做有内涵的课程内容。”

路易斯·威尔逊从没有打算会成为她那一代人中最出名的时尚教育家，但在接受那次秀场后台采访后，她和学院的时尚硕士课程都备受关注，这也证明了英国广播公司派遣一个制作团队去做一场学生毕业秀的跟踪报道是值得的。从1998年开始到2014年她的突然离世，在任职的这22年里她培养了一批批个性鲜明的学生，这些学生在经过她的培养与打磨后，都成功地通过了中央圣马丁学院的时尚硕士课程的学习，并在时尚行业领域各尽其能，将伦敦变革成为新的世界时尚之都。现任蛇形画廊（Serpentine Gallery）的馆长亚娜·皮尔（Yana Peel）称21世纪的第二个十年是英国时尚的“黄金时代”。

路易斯·威尔逊1969年出生于剑桥的亨廷顿镇（Huntingdon）。她曾在加拉西尔斯技术学院[现为英国博德斯学院（Borders College）]接受教育，之后在普雷斯顿理工学院[现为中央兰开夏大学（the University of Central Lancashire）]学习时装设计专业课程获得学士学位，随后进入中央圣马丁学院攻读时尚硕士学位。1992年，她成为中央圣马丁学院时尚硕士学位课程负责人。1999年，她被授予课程教授职称。

现在活跃在伦敦时装周上备受关注的那些才华横溢的设计师大都是威尔逊教授的学生，包括克里斯托弗·凯恩（Christopher Kane）、玛丽·卡特兰佐（Mary Katrantzou）、洛克山达·埃琳西克（Roksanda Ilincic）、克瑞格·格瑞恩（Craig Green）、大卫·柯玛（David Koma）、西蒙娜·罗莎（Simone Rocha）和玛塔·马可斯（Marta Marques）。2008年，威尔逊被授予大英帝国官佐勋章，表彰她为英国的时尚教育和时尚产业做出的巨大贡献，但是，在称赞她的成就时，要谨慎地对待她授勋这件事。受邀去白金汉宫参加授勋仪式令她感到无上的光荣与喜悦——她是英国王室传统的热爱者，除此之外，在其他许多方面，她天生不是一个墨守成规的人——但是，她经常向人们阐明她的引证观点。“听着，我们都应该将服务于教育视为首要职责。”

威尔逊教授拒绝赞扬和肯定在她课上学生们所表现出来的独立创业主义，在她看来，那是教育的意外结果。衡量教育成功的标准是学生在毕业以后直接进入到世界各地时装公司和品牌工作的人数。在圣马丁学院时尚硕士学位毕业秀场总是挤满了人，有猎头公司的人、记者和造型师等。威尔逊的办公室在这一时刻变成了专业级别的国际化时尚职业介绍所。像阿尔伯·艾尔巴茨（Alber Elbaz）和菲比·费罗等知名创意总监想方设法要通过威尔逊办公室的大门去找到一个能与品牌匹配的新起之秀，并希望能从威尔逊教授较为坦率的建议中获益。她很喜欢将每个学生“发表的观点”都记录下来，会认真地标注上“这是谁的观点”。不论是粗野的还是滑稽的，她都会给出更可靠的意见。“她有着一双洞察秋毫的双眼，那如同X光般的穿透力一样会看出你想做或不想做什么”，她的这种能力一直令法比奥·派拉斯印象深刻。法比奥·派拉斯是圣马丁学院时尚硕士学位毕业生，在威尔逊公休期间外聘去Donna Karan领导设计团队时，他曾担任过课程负责人。威尔逊教授对很多学生都有着深远的影响，有很多成功的设计师都曾是她的学生，他们在毕业后都和她成了要好的朋友，经常会回到学校去寻求她的帮助，而这时坐在他们对面的威尔逊教授总是会给出诚实和建设性的意见。

路易斯·威尔逊教授，被授予大英帝国官佐勋章，戴着劳拉·麦克尼斯（Laura Mackness）设计的帽子，劳拉·麦克尼斯是2009年硕士学位毕业生。

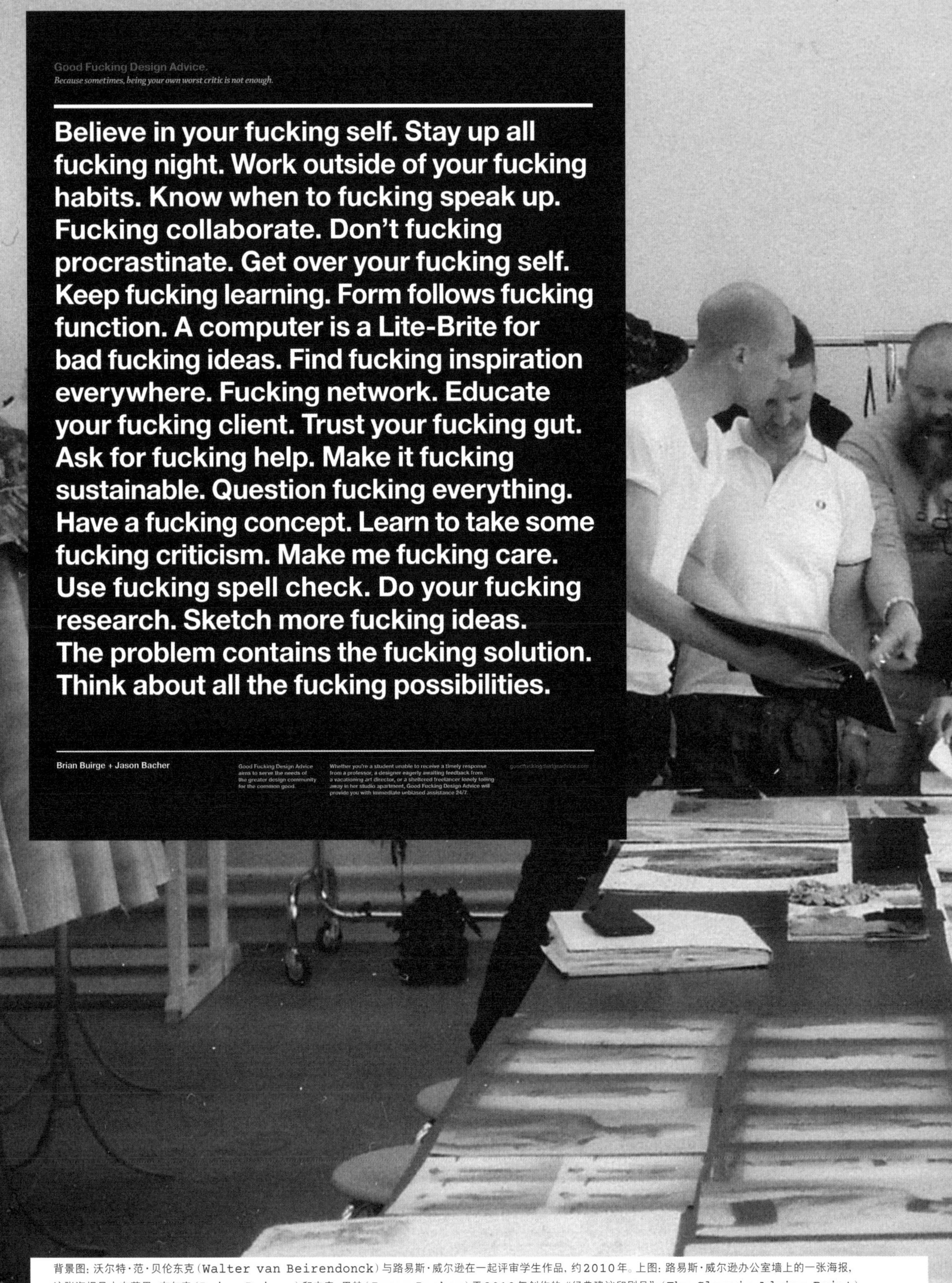

Good Fucking Design Advice.
Because sometimes, being your own worst critic is not enough.
Believe in your fucking self. Stay up all fucking night. Work outside of your fucking habits. Know when to fucking speak up. Fucking collaborate. Don't fucking procrastinate. Get over your fucking self. Keep fucking learning. Form follows fucking function. A computer is a Lite-Brite for bad fucking ideas. Find fucking inspiration everywhere. Fucking network. Educate your fucking client. Trust your fucking gut. Ask for fucking help. Make it fucking sustainable. Question fucking everything. Have a fucking concept. Learn to take some fucking criticism. Make me fucking care. Use fucking spell check. Do your fucking research. Sketch more fucking ideas. The problem contains the fucking solution. Think about all the fucking possibilities.
Brian Buirge + Jason Bacher
Good Fucking Design Advice aims to serve the needs of the greater design community for the common good.
Whether you're a student unable to receive a timely response from a professor, a designer eagerly awaiting feedback from a vacationing art director, or a sheltered freelancer lonely toiling away in her studio apartment, Good Fucking Design Advice will provide you with immediate unbiased assistance 24/7.


背景图：沃尔特·范·贝伦东克（Walter van Beirendonck）与路易斯·威尔逊在一起评审学生作品，约2010年。上图：路易斯·威尔逊办公室墙上的一张海报，这张海报是由布莱恩·布尔奇（Brian Buirge）和杰森·巴赫（Jason Bacher）于2010年创作的“经典建议印刷品”（The Classic Advice Print），是他们网站的经典周边产品，他们的网站名为“好的设计建议”（Good Fucking Design Advice）。

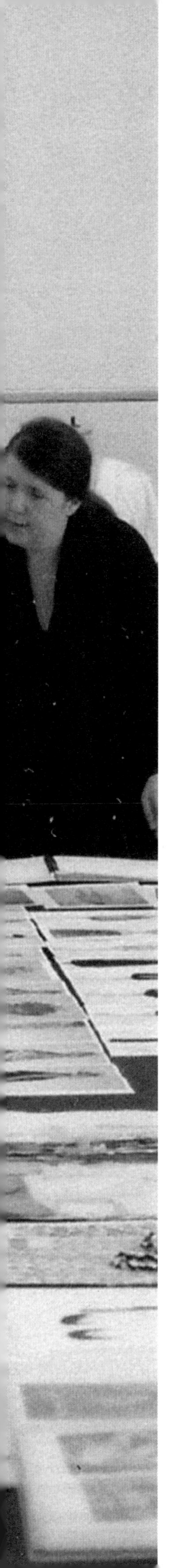

威尔逊教授作为一个明星创造者的功绩，与她紧闭在办公室门后的性格和有关她严苛教学行为的恐怖故事是并驾齐驱的，首先是查令十字路的校区（她很喜欢那里，因为在鲍比·希尔森的指导下，她在那里攻读了时尚硕士学位，于1986年毕业），之后是学院搬迁至国王十字校区（她不喜欢这个校区）。“课程的内容”是她教学实践的基础，她管理时尚课程会参照专业时装公司的运营模式，通过该课程的学习与实践让学生为进入时尚行业做好充足的准备。20世纪80年代末，她曾为一些中国香港的商业公司工作，在1997年至2002年间，她负责管理Donna Karan的创意设计团队，她会制订日程安排、组织调研、做好项目企划安排，给出设计项目截止日期。透过这些可以看出，她在用管理设计团队的方式管理着自己的学生，经常会针对学生的设计动机和创作过程进行极其严格的审核与评估。乔纳森·桑德斯（Jonathan Saunders）评论时提到“路易斯总是说‘如果连你自己都觉得这个设计很糟糕，发布出来会更糟糕’，她说得很对，她做这些都是在帮助你为了即将从业而做好准备”。

如果学生不听话或是懒惰，接下来会发生什么，传闻有很多。“我曾在教室里见过一次，她气得用脚踢人台。”已故的理查·尼考尔（Richard Nicoll）说道，他是跨越了千禧年那一代的时尚系学生。乔纳森·桑德斯记得一名学生被赶出了她的办公室，他的外套也被狠狠地摔到门上。“他就坐在走廊一整天直到她从办公室走出来，因为他被吓到不敢敲门。”但是没有任何一个能够比路易斯·威尔逊更加严于律己了。当她听到一些赞美与评论说学生的毕业秀作品可以媲美一些专业的时尚设计系列时，她不禁会问：“我们这样做对吗？这里应不应该更像是一家艺术学院，我们是不是应该创作更多不同于查令十字路教学时期的创作内容？”

来申请入学面试的人经常会因为在面试过程中他们的作品集被忽视而感到震惊（其实这些作品集早已经被翻阅过了），面试中所讨论的内容大都是与作品集不相干的话题，像是他们当天的穿着和脚上的运动鞋，或讨论他们对自己家乡的看法等。威尔逊说：“我知道我不想要什么，但是我不知道什么是我最想要的，因此我希望我还没有找到。”时尚硕士课程的教师团队就是带着这样的理念去测试和找出那些具有潜在的创意与创新能力的学生。进入时尚学习的第一步就是要去掉她在学生们身上看到的那些制度化的思维模式，学生们从幼儿园开始就在学习和接受测试化的教育。威尔逊尖刻地形容学生们“就像囚犯，经过长时间的服刑期之后再进入社会重新融入现实生活一样”。在学院内，她常与院内的官僚体制做抗争，为学生们争取奖学金，回怼那些不断针对自己调整和打破前人教学模式的质疑声。“我以每小时80英里的速度在M1号公路上行驶，而他们选择的却是缓慢的观光路线，一路走走停停，”她自言自语地说，“也许我才是那个错的人。”每年，她都会抱怨那些不愿主动争取的学生们，并严肃地提出那些不利于学院发展的问题，还帮助解决学生的贫困和债务问题。然而没有人比威尔逊更忠诚于中央圣马丁学院，她对任何外部针对学院的批评会感到愤怒，她对教学体制恼怒的同时，又深爱着这份工作。她说：“与年轻人在一起，让她感到很荣耀。”

不过更重要的是，做好教学工作的关键点是要如何针对每个学生做好研究发掘其真情实感。

路易斯·威尔逊行走在位于查令十字路的学院走廊上，20世纪90年代初。

威尔逊教授对学生设定的目标要求极高，这就意味着学生们需要深入研究自己的文化背景以确定自己的品位，同时还要询问他们有关艺术、电影、时尚、音乐、社会人文和政治历史背景的参考依据。在威尔逊面前，那些与曾经流行过的时尚元素相似的，或是那些曾出现过的设计，在学生还没有意识到的情况下，都难逃她的法眼。学生们被要求去了解时尚的历史，能够说出每一本时尚杂志中出现过的造型师和摄影师的名字。但是威尔逊从没有用自己的品味来评判时装的价值。最终的学习成果是能够让学生相信并证明自己所做的一切都是值得的。法比奥·派拉斯这样描述道："当你在表达和证实自己的个人观点时，要找到坚持自己立场的信心。要找到适合自己的学习途径，学会给出以事实为基础的答案。"

路易斯·威尔逊教授为学院留下的宝贵财富，就是培养并释放学生们才华的教学方法，使他们成为足智多谋，拥有技能和富有弹性工作能力的设计师，他们每一个人都有着自己独特的时尚见解与观点。正是因为这里相互影响热衷教学的人群具备前瞻性的思维模式，并确立了教学的多样性，令中央圣马丁学院时尚硕士专业领先于其他院校的同类专业。从长远来看，该课程在法比奥·派拉斯和他的教师团队的共同努力下，在学院内建立起了院校文化交流社群和校友间的企业合作文化交流社群，为校友和师生之间搭建起信息文化交流的空间，这是一个备受时尚界关注与羡慕的文化现象。

一名年轻的马术骑师身着Alexander McQueen的设计师莎拉·伯顿设计的骑术礼服在圣保罗大教堂前拍摄的名为"向她年轻的高超骑术致敬"的时装片，以纪念大英帝国官佐勋章获得者路易斯·威尔逊教授并向她致敬，2015年2月20日。

# 法比奥·派拉斯（Fabio Piras）（学士学位 1991年，硕士学位 1993年）

时尚课程主管

法比奥·派拉斯是时尚硕士学位课程主管，于2014年5月在路易斯·威尔逊教授（官佐勋章获得者）离世以后接任其职位。派拉斯在中央圣马丁学院开始任教之前和其他许多在这里工作的教职员工一样都曾是圣马丁学院的学生。

法比奥·派拉斯，2015年。

1984年，他离开瑞士来到伦敦，带着雄心想要进入圣马丁学院。“我有一些自负，我还有一些偏执的妄想。”他解释道。他第一次进入学院，是作为一名平面课程上的人体模特。“学生讨厌我，因为我太瘦了，他们很难画出来，但是我很喜欢这个工作。这更像是解放自我，因为在这个地方做了一些我以前从未想过会做的事情——脱掉衣服——就是自由。”

派拉斯在1988年申请就读女装设计学士学位课程并被安德烈·戴蒙德（Andrea Diamond）录取。派拉斯回忆说：“我非常了解那时的圣马丁是怎样的模式，读过很多关于学院的教学宣传，但我看中的是这里创作自由的教学理念，在这里读时尚学士学位课程是我人生中最美好的经历。圣马丁学院改变了我，使我成为现在的我。”

他在选择攻读时尚课程的时候根本不知道一件衣服是怎样制成的。“我从来就不是一个对制作时装感兴趣的人；直到今天，那也不是我的专长。”进入圣马丁学院学习对派拉斯来说就像是得到一张通往时尚世界的入场券，他非常珍惜自己攻读学士学位课程的那段时光。“这里的教学不是要如何去教会你，也不是要把你设定在教学框架内要求你做这个做那个或其他什么，这里从来没有一个固定教学方案，但最终的教学目的是要彻底解放你的思想。”

派拉斯认为霍华德·坦吉（Howard Tangye）对他的影响是巨大的。“我发现他的课很难上，每次在他的课上我都会很小心翼翼。”一次在坦吉的课上，他遇到了朱莉·弗尔霍文（Julie Verhoeven），他和简·谢泼德（Jane Shepherd）是时尚学士学位同届毕业生（1991年毕业）；现在这两人都是以派拉斯为核心的教学团队中的重要成员。

派拉斯在圣马丁学院感受到了社群文化的力量。“这里的学生会带有不同层面角度的个人倾向性和品位。圣马丁学院就位于市中心，所以学生可以没完没了地出去逛。对学习时尚的学生来说，在校外到处转到处看也是学习的一个重要部分，而在市中心随处都可能会发现创作的灵感。”

他在获得学士学位后选择继续进修硕士学位，但他对自己的决定感到很后悔，“我没有对亲爱的鲍比·希尔森有不敬的意思，我非常敬爱她，她让我拿到了奖学金的申请资格。时尚学士学位的经历对我是具有开创意义的，在你还年轻的时候会经历很多事情，有可能某个经历会改变你的人生。还有可能会有很多机会让你取得非常惊人的成就。但是如果选择直接进修硕士学位课程并非是一个正确的选择，因为这样一来，人们对你的期望就会更大，随之而来的压力会抑制住自己，而不能真正地释放自己。”

背景图：法比奥·派拉斯的硕士学位毕业秀，1994年。本页图：法比奥·派拉斯学士学位设计作品，1991年。

派拉斯很害怕鲍比。“她的教学方式简直就像电影《受影响的女人》(*A Woman Under the Influence*)中的吉娜·罗兰兹(Gena Rowlands)一样，穿着一件漂亮的白色外套，当她出现在教室里时，我们会准备好我们的设计作业，然后她会走到桌子旁翻阅你的作业，有可能会质疑你的设计说：“太可怕了，从头再来。””“学生都很畏惧她但同时又很敬重她。我们爱鲍比是因为她就像是那种很‘严格的母亲’一样，你渴望得到她的爱；你很努力地想要赢得她的关注与认可。”

法比奥去巴黎为品牌Balmain工作时仍然在继续完成硕士课程的学业。“我学会了如何适应在品牌工作室里工作和如何赢得他们的尊重。你需要知道如何处理试装的工作，学会怎样使用立裁大头针，学会怎样裁剪布样，还要学会如何布置空间和摆放准备好创意总监开始工作前需要的所有东西。”

亚历山大·麦昆是派拉斯上一届毕业生，麦昆给他留下了深刻印象。“他真的是一个有趣的人，在课堂上他就像是林中的野兽一样，他会全然无视整套课程结构的要求，只做他想做的，对我们来说看到这样的叛逆举动真的很受鼓舞。”

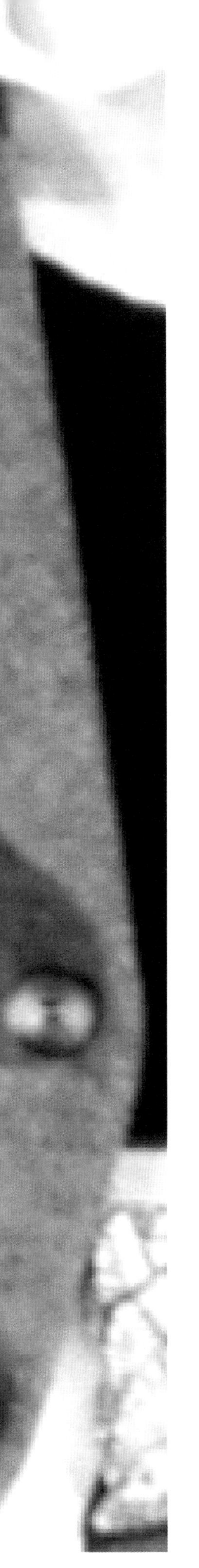

派拉斯从1995年开始任教指导时尚硕士学位课程。“直到2011年我才鼓起勇气去询问路易斯·威尔逊为什么会让我来授课，因为我真的很害怕知道答案。当她回答我的提问时，我真的很没有信心去听。她说在当时她认为我是个有趣的人。”

1998—1999年，当威尔逊短期调任到纽约的Donna Karan工作时，派拉斯接替了威尔逊的工作担任课程主管，他指导的毕业生包括洛克山达·埃琳西克（Roksanda Ilincic）、彼得·詹森（Peter Jensen）、西夫·斯特尔达尔（Siv Støldal）和艾玛·库克（Emma Cook），在他们毕业之后都先后开启了成功的职业生涯。

派拉斯认为，在中央圣马丁学院的教学体系中始终保持着“不做任意评判”的哲学思想。“这种教学观点会让你做真实的自己。这太棒了。我们认为每个学生都是自由的，但事实也并非全都如我们所期待的样子去发展。你需要把自己从你的家庭束缚中解放出来，从被期待的重压下解放出来。有时候你需要自由地表达出你的性取向，而这所大学一直都是纯粹的艺术学院，在这里你可以成为你最想成为的任何人，即使最荒谬、最天真或是最愚蠢的人。我喜欢‘愚蠢’这个词，我觉得即便是你在做愚蠢的事，而且看起来很可笑，但还是要认真地对待，这样你就会在过程中成长。”

派拉斯相信中央圣马丁学院的教职员工们从来不会给学生指出什么是错的。“我们不会告诉他们，你是怎样的学生或你怎样做是错的。我们想要看到任何事物发展的可能性，所以我们会任其发展。也许在其他院校也是这样的，但就时尚专业而言，我在其他院校没有看到同样的做法和理念。这并不是偏见之谈。事实依据就是，当我们在审阅上百件时尚硕士课程申请者的作品册时，相比其他申请者的作品册，中央圣马丁学院时尚学士学位毕业生们的作品册绝对会是最吸引人的，这些作品册可能会非常的精彩，也可能会比较邋遢——这让我想起了我还是学生的时候，我的作品册也是这样的，但是这样的作品册是有灵魂的：让我看到了他们是有时尚灵魂的学生。”

派拉斯称，圣马丁学院的学生通常都不太能适应院校的体制。“但是他们还是能在体制下生存，这就是我们这个学院体制的美妙之处。在我们学院的体制下学习，学生可以任意转换自己的身份去适应校内或校外体制，当我们把学生送往校外的品牌如Dior或其他地方工作，奇怪的是他们都没有表现出我们所预料的那种抗拒，他们在品牌体制内会表现出富有弹性的工作能力，他们会很快适应新的体制环境，他们会很快发挥出自己的特长，会在新的体制内成为重要的角色。所以你会认为，也许我们做的是对的，或者我们为学生创造了一个极其适合他们的体制环境。”

作为时尚硕士学位课程主管，派拉斯认为自己在教学方式上起到的是引导作用。“我了解学生，也了解他们想要成为什么样的人，还会参与他们的讨论。有时还会成为他们很讨厌的批评者。我想，当他们从这里毕业的时候就再也不会听到我的声音了。但我认为对学生来说，他们的作品被认真对待并得到一个真诚的回应是很重要的。我们的反馈和评审后的意见，他们能够接受一部分还是全部就要靠学生自己来拿捏了。我不希望把我的意见强加给他们，我的意思是，我很讨厌去指挥别人。”

派拉斯认为，中央圣马丁学院的教师不会教学生什么是所谓的时尚。“我们讨论时尚，谈论时尚，在创作的过程中会评论时尚。所以我们学习内容就是一直在谈论和探讨的过程。教学意味着我们需要在教室里授课，我们从来没有这样做过。因为我们不需要通过上课去教学生要怎么去做。”

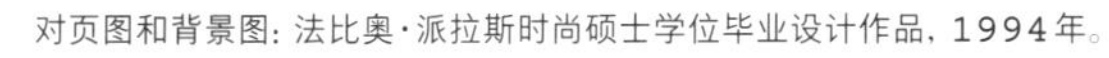

对页图和背景图：法比奥·派拉斯时尚硕士学位毕业设计作品，1994年。

# 时尚新闻专业

罗杰·特锐德烈（Roger Tredre）撰文

时尚新闻专业一直没有得到学院的足够重视，直到20世纪80年代末，德鲁希拉·贝弗斯（Drusilla Beyfus）开始教授中央圣马丁学院的时尚传媒与推广专业课程，该课程是时尚学士学位选修课程之一。她是英国版*Vogue*杂志前主编亚历山德拉·舒尔曼（Alexandra Shulman）的母亲，也是一位备受尊敬的记者。贝弗斯曾指导过许多中央圣马丁学院的本科生们如何写作，并证明了未来的新闻业对接受过正规培养的时尚新闻从业者的大量需求。学生们需要学习更多额外的技能，而这些技能是一些大学比如伦敦城市大学（London's City University）和卡迪夫大学（Cardiff University）的传统新闻课程内容所不具备的。事实上，这些课程的许多导师认为时尚与新闻是一个相互矛盾的说辞，认为时尚新闻（应该被称为“生活方式新闻”）不过是公共关系的又一种延伸，但是到了21世纪初这种观念被认为过于陈旧，轻视了时尚新闻业的存在价值。

中央圣马丁学院的时尚传媒与推广专业课程培养了一批优秀的作家和编辑，如英国著名的时尚记者塔姆辛·布兰查德（Tamsin Blanchard，英国《独立报》《观察家报》《每日电讯》），还培养出了著名的造型师和时尚创意总监，如凯蒂·格兰德（Katie Grand，*Pop*和*Love*杂志创刊人）和索菲亚·尼奥菲图（Sophia Neophitou，*10*杂志创刊人）。1993年，中央圣马丁学院推出了时尚新闻专业硕士学位课程，该课程专注于写作和编辑时尚新闻独具个人风格的培养。这是简·拉普里（Jane Rapley）和莎莉·布兰普顿（Sally Brampton，1955—2016）针对该课程的设定初衷，莎莉·布兰普顿是一位备受推崇的编辑和作家，是20世纪80年代英国版*Elle*杂志的创始人。

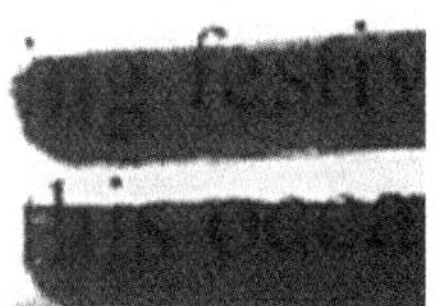

布兰普顿是一位魅力四射的人物，她本人曾就读于中央圣马丁学院，她认为中央圣马丁学院时尚新闻课程的教育核心是要培养有能力的年轻的时尚新闻工作者，他们可以有机会近距离地观察了解天才设计师们的工作，并懂得欣赏设计，了解设计内涵以及工艺和技术的运用。实地学习项目就此诞生，并一直延续到今天，这个课业项目一直是中央圣马丁学院选修时尚新闻专业学士学位和硕士学位的学生所关注的热点。这个课业项目内容就是每个学习时尚新闻的学生都会选择一位设计师，像个“影子”一样跟在设计师身边，大概持续几个星期时间，直到设计师的时装发布会或展览的开始，并要分享、观察、记录和报道设计师从高潮到低迷的创作过程（与形象制作者们合作，拍摄照片和用电影记录的方式来解读最终的设计系列）。

布兰普顿在中央圣马丁学院只任教了很短一段时间，随后是简·穆尔瓦赫（Jane Mulvagh）接任她成为时尚新闻课程导师，在此之前简·穆尔瓦赫是《欧洲报》（现已停止发行）的时尚编辑，她经常会邀请学生们到她在诺丁山的豪宅里喝茶，在喝茶期间，她会为学生讲解和阐述与时尚相关的许多知识。1999年，我曾在短期内一个人担任过该专业课程的导师，之后我和当时最伟大的时尚记者之一的莎拉·莫尔（Sarah Mower）一起执教，莫尔在执教两个学期后离开，在美国版*Vogue*杂志担任高级职务。我也同样找到了另一份工作，在一家羽翼未丰的时尚流行趋势网站WGSN.com担任主编，我与该网站谈判达成协议，让我能够同时继续在中央圣马丁学院执教。对那些有时因为工作而被我忽视的学生来说，好的一面是他们参与并见证了最成功的网络媒体之一的繁荣：WGSN.com网站已经成为最受欢迎的全球时尚趋势研究网站。

20世纪初的头十年是攻读时尚新闻硕士学位课程学生们的最好时期，他们喜欢跟随时尚硕士学位课程主管路易斯·威尔逊指导的那些明星学员［当时来自希腊的学生埃利安娜·克雷西科波卢（Eliana Chrysikopoulou），她真的是发现了宝藏，因为她选择跟随实地报道的是克里斯托弗·凯恩（Christopher Kane）］。因此，很多知名的设计师和有前途的编辑记者在他们毕业前就建立起一个很紧密有序的营销协作关系，

双方的成就都提高了中央圣马丁学院的国际影响力和声誉。

合乎常理的下一步做法就是创建时尚传媒硕士学位，该学位于2015年创立，包含了三个专业类别的选修课程，分别是时尚新闻、时尚传媒与推广和时尚评论研究（Fashion Critical Studies，简称FCS）。2017年的年中，充满热情的讲师和摄影师亚当·默里（Adam Murray）的加入给时尚传媒与推广课程带入了新的教育理念，将该课程定义为是形象的塑造者[因此时尚传媒与推广课程在2019年更名为时尚形象（Fashion Image）]，而经验丰富的文化研究者兼作家的简·泰南（Jane Tynan）从时尚评论研究课程创立之初就一直担任该课程讲师。同样时尚传媒学士学位课程结构也发生了一些改变。作者兼作家的朱迪斯·沃特（Judith Watt）[她同时也在教授硕士学位课程]于2014年开始担任时尚新闻课程学术主管；海威尔·戴维斯（Hywel Davies）负责主管时尚传媒与推广课程；备受推崇的阿利斯泰尔·奥尼尔（Alistair O'Neill）负责教授时尚历史和理论课（就该课程的学习内容来讲，学士学位与硕士学位的难度是一样的）。与许多形式的新闻媒介一样，时尚新闻专业在数字时代正受到来自各方面的威胁。但在新兴行业，特别是电子商务、品牌内容和社交媒介领域，作家和传媒人会获得更多的机会。中央圣马丁学院还有一项特别的、受到更多重视的成就是培训了一大批来自其他新崛起的或新兴国家的学生（他们大多来自中国和印度），他们都已经成为新一代成功的时尚媒体从业者，他们将老牌时尚杂志如*Vogue*和*Harper's Bazaar*引进到自己的国家，在本国创办各类杂志或媒介，促进了时尚新闻业在当地的繁荣。

近年来，许多学生还是继续保持欣赏和支持独立思考的态度、反对时尚新闻带有批判倾向的报道，或者更确切地说是“聪明的新闻报道”，在中央圣马丁学院获得硕士学位的美国毕业生凯瑟琳·扎雷拉（Katharine Zarrella）就是秉持着这种观点在纽约创立了网络时尚杂志*Fashion Unfiltered*。尽管现在许多大学都设立时尚新闻专业并支持其发展，但中央圣马丁学院更致力于培养精明睿智的时尚新闻工作者，赋予他们在该领域特殊的感知力，并继续吸引着世界上那些追求思想自由的年轻人选择来这里攻读时尚新闻专业课程。

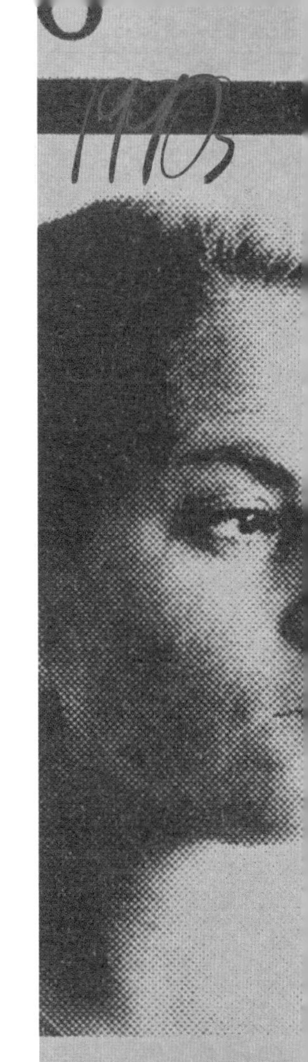

背景图：时尚新闻稿，以及时尚传媒与推广专业的各类工作。

# 时尚传媒与推广

时尚传媒与推广课程（FCP）于1974年创立，是时尚学士学位选修课程之一，很快成为一项具有开创性的课业选修途径。该课程提供了除时尚设计以外的就业职能和机会，这项课程培养出具有前瞻性的时尚新闻工作者、艺术总监、摄影师、造型师、时尚公关、时装发布会制作人和现在从业人数越来越多的数字影像开发者。时尚传媒与推广课程的权威性和影响力是全球性的，现在有很多迅速崛起的各种模仿课程都是在该课程的理念基础上建立的。

奥列格·米特罗法诺夫（Oleg Mitrofanov）设计的塔罗牌，2011年。

时尚传媒与推广课程同时尚学士学位课程有着同样直率的创意教学理念，1989年，也是中央艺术与设计学院（Central School of Art and Design）与圣马丁学院（St Martin's）合并的同一年，李·威多斯（Lee Widdows）担任时尚传媒与推广课程主管，在他的指导下该课程开始蓬勃发展起来。威多斯说："那是一个非常重要的时期，因为这个国家正处于经济衰退期，所以学校合并在一起，虽然这不是一个双方都满意的决定，但那是一个很有趣的时期，因为那段时期简·拉普里担任学院院长，温迪·达格沃西刚上任成为时尚学士学位课程总负责人。"

学院应对20世纪80年代所带来的影响，并在经济衰退中幸存下来是很艰难的，但那是一个极具创造力的时代。时尚传媒与推广课程的成功也表明了伦敦是新思潮汇集的核心城市。亚历山大·麦昆和侯赛因·卡拉扬是那一代人中最具创造力的人，对能去艺术学院学习的年轻人来说，那是一个不平凡的、辉煌的时代。威多斯提到："艺术学院还是艺术学院，没有额外的费用。"

关注焦点不仅只局限在时尚方面，时尚传媒与推广课程还一直鼓励学生寻找源于其他方面新鲜刺激的题材。威多斯说："这些包括来自流行文化、音乐、电影和设计的灵感题材，还包括有夜店流行文化的题材，我认为这有点像是培训一名平面设计师一样，要把自己的视野打开放眼于外部世界，这样你将会成为一位更有创造性的思想者。"当威多斯在学习平面设计时，她拓宽了自己的追寻途径去寻找任何她想要了解的事请。"我们是用文字和图像来传达时尚的。"威多斯与新闻课程导师德鲁西拉·贝弗斯（Drusilla Beyfus）合作搭档教学简直堪称完美。新闻课程是整个课程的脊梁，但还包括图像制作、艺术指导、平面设计、概念思维和创意原动力等相关课程，都是针对业内市场实际应用而设定的课程。

时尚传媒与推广课程最初设立在位于查令十字路教学楼内五楼的一间潮湿窄小的教室内，位置非常接近艺术绘画和时尚学士学位课程教学区，介于二者之间，该课程一直秉持着学院的艺术教学特点蓬勃发展起来。这门课程总是需要合作进行的，通常需要与时装设计专业的学生以及其他专业类别的学生合作进行。时尚传媒与推广专业课程赋予学生们的思想理念受到了赞誉。威多斯说："我们招进来的都是怪异的人。我们面试了每一位该课程的申请者，因为我们需要这样做，我们还仔细看了他们带来的作品册。审阅这些作品册是很重要的，因为可以看出他们的头脑是如何思维运作的。我们希望找到的是可以推动他们突破主题界限的、有潜力的学生。"

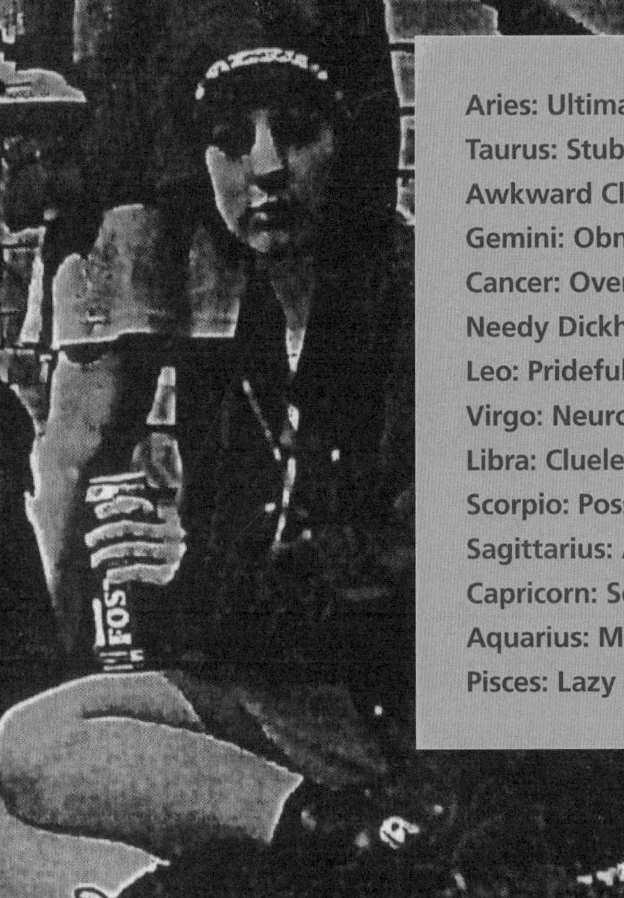

Aries: Ultimate Beast
Taurus: Stubborn, Awkward Clown
Gemini: Obnoxious Twerp
Cancer: Oversensitive, Needy Dickhead
Leo: Prideful Toolbag
Virgo: Neurotic Bitch
Libra: Clueless Airhead
Scorpio: Possessive Asshole
Sagittarius: Apathetic Child
Capricorn: Selfish Pessimist
Aquarius: Mischevious Maniac
Pisces: Lazy Ball of Sadness

MARFA JOURNAL 1990s

ERIK BRUNETTI – OFWGKTA – LINDSAY LOHAN – JEFFREY DEITCH – KARLEY SCIORTINO – TIM BARBER

1 MARFA JOURNAL

FRANKIE

EVERY FRIDAY • 27TH MAY 2011 • ISSUE 1

£1.99

PLUS
DATES FOR YOUR DIARY
CUT + KEEP
FRANKLY FRANKIE
POSTER BOYS!!

OMG!
FREE FRANKIE NECKLACE

HERE COMES THE SUN

YOUR GUIDE TO SUMMER'S HOTTEST STYLES

WEEKLY • FASHION • FUN

Vanguard

For the celebration and discussion of fashion film

Issue #1 May 2014

...ck Knight, Caroline Evans, Remi Blumenfeld, Jonathan Faiers, The Bourdin Estate, Eric Underwood, Lou Stoppard, Alex Fury, Alison Bancroft, Theo Mass, Professor Semir Zeki, Kathryn Ferguson and Fiona Gourlay

背景图：塔比莎·马丁（Tabitha Martin）创意制作的*Girls who Like Boys in Bands*杂志，2009年。本页图顺时针方向由上至下：亚历山德拉·戈蒂延科（Alexandra Gordienko）创意制作的*Marfa Journal*刊物，2013年。弗朗基·格雷登（Frankie Graddon）创意制作的*Frankie*杂志，2011年；格雷格·弗兰奇（Greg French）创意制作的*Vanguard*杂志，2014年。

我很幸运，成为威多斯门下那些怪异的学生中的一员（1994—1998年）。从威尔士北部长途跋涉来到圣马丁学院学习彻底改变了我的生活，也让我的思想迸发：这里的学生、教职员工、这里的课业和我所参加的各类聚会都非比寻常，总是那样的色彩斑斓又充满了活力。我们从来没有止步不前的时候，这里发生的一切都超乎了我的想象。

我被鼓励要严谨，勤奋，也可以更荒唐。我学业的最后一个课业项目是制作出版了一本名为*PANTS**的杂志，这本杂志完全颠覆了新推出的以光鲜亮丽的生活方式为主题的杂志*Wallpaper**。我觉得自己很傻很呆板，但德鲁西拉和威多斯都对待我的课业非常严谨和认真。她们给予了我十足的信心，时尚传媒与推广课程的学习经历为我日后确立了目标方向，在与人交流、从业和生活方面都对我起到了深远的影响。

毕业后，我在时尚杂志和报纸行业工作了十多年，之后很难抗拒中央圣马丁学院的魅力又回到了这里。在2009年，李·威多斯从教授时尚传媒与推广课程转向了中央圣马丁学院的市场推广课程教学，并由我来接替她担任该课程的主管。和李·威多斯一样，我也是在中央圣马丁学院做兼职教学工作，在管理时尚传媒与推广课程的同时还继续着我作为业内作家的工作。我会在“真实”和查令十字路的教学工作之间来回奔走疾驰，与时尚传媒与推广课程的学生分享我在外面所知道的事情。这是一个很合理但又是一个高强度的工作安排，既可以保证专业度极高的教学质量，同时又可以确保该课程的教学内容与外界实际状况始终是息息相关的。

21世纪，时尚行业在不断变化，随着数字化发展，时尚传媒与推广课程也在与时俱进。时尚、电影、戏剧表演和装置设备都已经成为该课程教学内容的一部分，但对新闻视角与思维观念的深入研究、分析和创意等核心内容从未被减弱。传递新闻与视角的媒介从来都不是最重要的——我们的思维与想法才是最重要的。

桑德拉·莱科（Sandra Leko）创意制作的*Jolene*杂志，2013年。

汉娜·穆恩（Hanna Moon）创意制作的*A Nice*杂志，2014年。

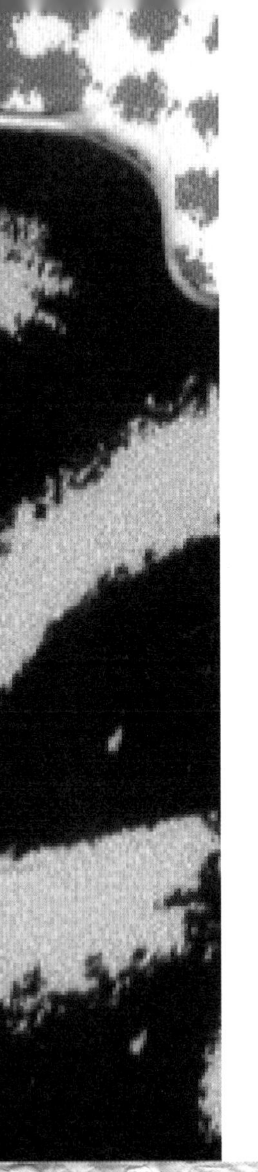

在课程项目总监威利·沃尔特斯（Willie Walters，有史以来最好的老板）的支持下，学院在2012年决定将原时尚学士学位之下的时尚传媒与推广课程摘取出来，单独开设一个时尚传媒学士学位，新开设的学士学位包含三类专业选修课程：时尚传媒与推广、时尚历史与理论（Fashion History and Theory，简称FHT，也曾是时尚学士学位的选修课程之一）和时尚新闻（Fashion Journalism）专业课程，新学位课程的设立将为线上新闻领域的拓展发挥出不可忽视的作用。

新学位课程的设立让我们的课业内容变得更加严谨：我们还是继续与时尚学士学位课程的合作，建立起平等互助的教学关系。这是一次重要的变革，到了第二年，因为这次学位课程改革的成功，我们又推出了相同科目类别的硕士学位课程。很快人们开始意识到中央圣马丁学院的时尚系不仅仅只限于时装设计的学习范畴，这里还有其他更丰富，更有深度的时尚课程。时尚传媒与推广课程的学生们都很聪明伶俐，积极进取，在行业内都取得了傲人的成就。

我开始担任时尚传媒学士学位课程总负责人，以及继续担任时尚传媒与推广课程主管，我已经是全职投入在教学工作中，与一支优秀的教职团队一起。之后我们又搬到了国王十字路校区，并与其他学院建立更多合作关系，推动了时尚传媒学士学位课程的发展。2016年，我成为学院课程科目总监，负责监督时尚系的所有课程。能成为学院精彩历史的一部分，为学院创造了宝贵的财富令我备感荣耀。在这里工作的重大意义已经超越了职位本身的属性。我们都知道在这里从事教学是一种荣誉，中央圣马丁学院的时尚系的声誉比我们每一个个体都更为重要，可以成为这所学院的一员我们感到非常荣幸与自豪。

海威尔·戴维斯（Hywel Davies）

背景图：时尚传媒与推广专业制作的各类字体混合平面图像。上图：娜奥米·斯马特（Naomi Smart）设计制作的标语“你是个酷酷的小孩”，2009年；雷切尔·克劳瑟（Rachel Crowther）设计制作的平面图像“Lair”，2010年；时尚传媒与推广课程全体学生合作课业项目制作推出的*Torn*杂志，2010年。

# “幻灯片资料室内的对话”

凯洛琳·艾文斯（Caroline Evans）撰文

20世纪90年代初，当我开始在中央圣马丁学院教书时，学院的幻灯片资料室位于南安普顿校区的文化研究长廊上。每周我们都会在那里组织授课和讲座，在授课时会从塑料盒内取出幻灯片排列好并依照排放顺序逐一放在灯箱上做演示。其他的讲师也会因授课内容需要而应用幻灯片作为辅助教学，这是一种需要独立演示与群体共享信息的授课方式。

一次放映一张幻灯片，你可以在放映幻灯片之前预先建立一系列的想法构思，通常会在灯箱上将幻灯片同时平行排列出五排，这样就可以创建垂直和水平的视觉关联。有些时候，一个不寻常的并列组合会需要你重新安排序列，而新的顺序组合也可能会出现你意想不到的视觉效果。仔细地查看这些背光放置的幻灯片序列组合可以帮助你预先构想搭建完整的授课内容，当你完成排列后还可以播放检查整个演示过程，从左至右，找出排放之间的缺失。

当你每次从幻灯片存放盒子里取出一张幻灯片时，都需要在片子的替换卡上印上你的名字，这样资料室的管理员就可以追踪到是谁借取了这张幻灯片。通过这些卡片上留下的信息记录你可以了解其他讲师的授课思路。这也会激起你的好奇心，会借此互开玩笑来打破我们之间的沉默，还可以针对各自的目的进行友好的交流。我曾在幻灯片资料室里有过几次难忘的对话交流。

我在幻灯片资料室工作的那些日子里精心构建了我的思维模式。我始终坚信，如果我没有花那么多时间在幻灯片资料室里思考研究视觉图像，我的写作方式与现在相比会有很大的不同。

1999年，我的办公室从文化研究部搬到了位于查令十字路校区的时尚系。我在南安普顿校区工作的时候，导师与文化研究人员之间没有太多的互动。在来到查令十字路校区后，我在一楼办公，路易斯·威尔逊的办公室就在我办公室的斜对面，我喜欢在工作的时候开着办公室的门。每当我摊开影印的图片在我的桌子上时，我发现其他导师都会走进来逛一圈并和我展开话题讨论这些图片，这种交流畅谈的关系让我受到了鼓舞，更让我找到了曾在幻灯片资料室里与人对话交流的美好感觉。

2013年，当阿里斯泰尔·奥尼尔（Alistair O’Neill）和我被邀请参加一场关于展示中央圣马丁学院的名为“制作练习”（Making Practice）的教学方式展览时，我们用幻灯片和灯箱创作了一个装置设备。后来，数码影像技术取代了老式幻灯片，在中央圣马丁学院搬迁至国王十字校区之后，幻灯片资料室就被关闭了。现如今，导师们在授课时都会用笔记本电脑做辅助教学，还是独立的授课方式，但原来在幻灯片资料室的对话空间被取而代之的是一个新的社交空间，他们在这个新的空间内继续进行着鼓舞人心的对谈。

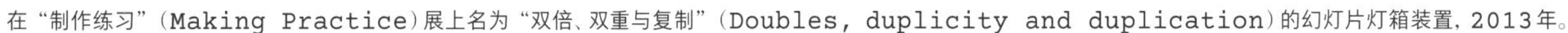

在“制作练习”（Making Practice）展上名为“双倍、双重与复制”（Doubles, duplicity and duplication）的幻灯片灯箱装置，2013年。

# “戴夫咖啡吧”（Dave's Bar）

1990s

咖啡吧是一个实验性的地方
时尚伸展台是学生可以展示才华的地方
每天都在比谁更时尚
在戴夫咖啡吧里簇拥着一群画家和雕塑家
平面设计师和时尚系的学生
这是一个唯一有纪律准则的地方
所有人在这个大熔炉里相遇
这栋楼里到处充满创意

罗伯特·克拉克（Robert Clarke）
与戴夫（Dave）一起经营着戴夫咖啡吧，1987—1992年

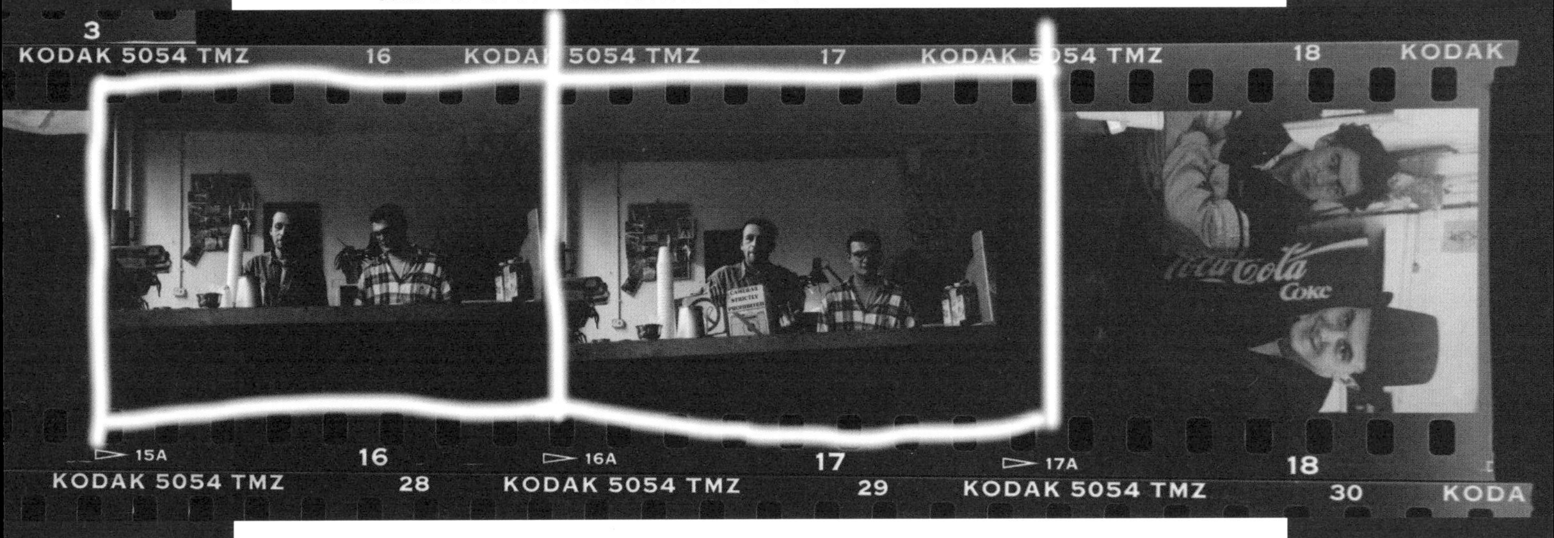


戴夫的咖啡吧像是一个特殊机构，我在走进咖啡吧之前先要深吸一口气，因为里面的每一个人都在相互审视，审视你的人不限于时尚系的学生，还有艺术系的学生。几乎每个学生都会聚集在那里。你会结识很多朋友，他们可能是学油画、学雕塑或学平面设计的学生，还有已经完成学业离开长英亩街校区的毕业生：大家都会聚在那里。那里就像是伸展台，你在那里左顾右盼，看看你喜欢谁，每个人都是怎样的穿着；这里有明确的先后秩序。当你走进那里时，首先你会环顾四周，但同时你也会感受到在你走进来的时候，所有的目光都在盯着你。

这里最开始是开在地下一层，就像一个昏暗的小酒吧一样，之后就搬到了楼上，大小刚刚好。那个咖啡吧成了你一有空就会去的地方。那里更像是一个青年人聚集的夜店，到了晚上他们都会聚集在咖啡吧里，那里晚上会有派对。你会在戴夫咖啡吧里遇到很多人；你会选择在那里逗留。戴夫和罗伯特更像是社会活动家。咖啡吧为学生营造活动氛围做了很多事。

大卫·卡波（硕士学位 1995年）
课程主管

上图：戴夫和罗伯特在查令十字路的咖啡吧，1991年。

## 亚历山大·麦昆（Alexander McQueen）（硕士学位 1992年）

时装设计师

1992年，推出个人同名品牌
1996年，获得英国时装协会评选的年度最佳设计师大奖（并分别在1997年、2001年和2003年再次获奖）
1996—2001年，担任品牌Givenchy首席设计师

亚历山大·麦昆的时尚硕士学位毕业秀影像定格图，1992年。

路易斯·瑞特（Louise Rytter）撰文

1990s

李·亚历山大·麦昆（Lee Alexander McQueen，1969—2010）展现在世人面前的才华与诗意般的想象力要比他在硕士学位毕业秀上所展现出来得更加有力和强烈。1992年3月16日名为"Lee-A McQueen"的时装设计系列在伦敦时装周期间发布，这个设计系列预示了英国时尚的新纪元。这场秀展示了麦昆在查令十字路校区学习了48周后的成果，每次他都会满怀热情地谈论起这段学习经历。**"在那里学习让我知道了还有其他和我一样的人……**那是一段刺激又令人兴奋的时期，也是伦敦新时尚开始的时期，在这段时期加利亚诺去了巴黎，这是之前从未有过的成就。这是一场新的时尚革命。"

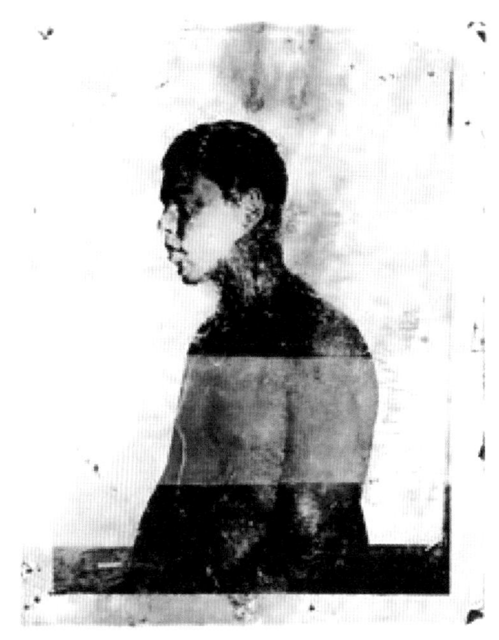

右上图：李·麦昆作为圣马丁艺术学院的学生，约1992年，由丽贝卡·巴顿（Rebecca Barton）提供。

时尚硕士课程主管鲍比·希尔森并没有依照常规入学流程招收麦昆进入中央圣马丁艺术学院学习，证明了她具有识别优秀才能的敏锐眼光和培养人才的能力。鲍比回忆她第一次见到麦昆的情景时说："这真的是太不可思议了……他一到学院就直奔我的办公室，带着厚厚一摞的衣服并问我是否可以给他一个工作，他对申请这门课程不感兴趣。"麦昆说：**"因为我来自伦敦东区，入学学习不在我的计划之内，但我热爱时尚，所以圣马丁是我要去的地方。"**希尔森立刻意识到这位22岁的年轻人具有的"非凡才华"并对他的履历印象深刻，他的履历包括先后在萨维尔街（Savile Row）的两家高级定制男装品牌店Anderson & Sheppard和Gieves & Hawkes做过四年裁缝学徒。之后为舞台戏剧服饰制造商Bermans & Nathans工作，还跟随过日本前卫设计师立野浩二（Koji Tatsuno）、意大利设计师罗密欧·吉利（Romeo Gigli）和英国服装品牌Red or Dead的设计师约翰·麦基特里克（John McKitterick），在他们身边工作。尽管他没有学士学位，也没有按照官方的申请途径行事，但希尔森还是给了麦昆一个就读硕士学位的名额，让他得到一个可以发出自己"时尚宣言"的机会。他的姨母同意帮他支付学费，在他被任命为Givenchy的首席设计师之后才还清了这笔费用。希尔森说："我从来没有怀疑过他的天赋，但我更想知道他是否有能力去控制利用好这份天赋。那时没有人会想到他能创作出如此精彩的毕业设计系列。"

麦昆的硕士学位毕业设计系列名为"开膛手杰克跟踪的受害者们"（Jack the Ripper Stalks his Victims），他的灵感源自英国的维多利亚时期，这个设计系列展现出了他突破性的面料运用和无可争议的剪裁技巧，还有他那充满叛逆的年轻活力。用他自己的话说**"这个系列灵感来自19世纪英国街头的步行者们从白天到晚上的着装风格"**。这个系列麦昆共创作了10套造型，以全新的轮廓和极端的颜色强调了女性的外形特征；他甚至还在一件双排扣长外套的里衬内藏有人类的头发。时装编辑伊莎贝拉·布罗（Isabella Blow）说：**"这个系列既具有破坏力的设计又包含了很传统的风格，每一件设计都可以成为'90年代的代表性设计'"**，她出资买下了麦昆在毕业发布秀上的全部设计，并帮助麦昆开启了他的时尚事业。

在接下来的20年里，麦昆在国际时尚舞台崭露头角，成为他那一代中最富创造力和远见的设计师。他先后四次被评为英国年度最佳设计师，在2003年被授予大英帝国高级勋位勋衔（CBE），同年被美国时装设计师协会（CFDA）评选为年度最佳国际设计师。亚历山大·麦昆的回顾展"野性之美"（Savage Beauty）成为纽约大都会艺术博物馆（2011年）和伦敦维多利亚与阿尔伯特博物馆（2015年）参观人次最多的展览之一。

中央圣马丁学院是麦昆通往时尚界的大门，前时尚硕士学位课程主管路易斯·威尔逊对麦昆那无与伦比和极具时尚影响力的毕业秀总结得最为贴切：**"李·麦昆那具有深远影响力的毕业秀让我感受到背脊在发抖——这种感觉并不常见。"**

# 亚历山大·麦昆与中央圣马丁学院

安德鲁·格罗夫斯(Andrew Groves)撰文

是李·麦昆鼓励我去申请进修圣马丁艺术学院的时尚硕士学位课程的，也许并不完全出于他的主观意图。

李·亚历山大·麦昆和安德鲁·格罗夫斯，约1995年。

有一天他告诉我他已经和路易斯·威尔逊谈过了，说路易斯想见我，并且可以为我安排一次面试。在那时有关于她很可怕和坦率的传闻我听过很多。李给我讲了足够多的故事，极力地逗我，让我感到很害怕去中央圣马丁学院见她。

当这一天终于到来时，我紧张地敲了敲她办公室的门然后走进去，我还没来得及坐下，她就开始大声地问道："你来这里不只是为了帮李做印染工作的，是吧？""不是。"我说谎了。

一定是有人告诉她，我在过去的几个月里一直在帮李的朋友西蒙·昂格拉斯(Simon Ungless)的时装秀制作大量的印花设计。这突然让我意识到这又是李精心设计的一次恶作剧。

那时在市中心的小酒吧里我结识了很多圣马丁学院的学生。Comptons是位于老康普顿街上的一家很简陋的同性恋酒吧，是一家非正式的饮酒场所。那时大卫·卡波正在学习时尚学士学位课程，早在六个月前在Comptons酒吧，他介绍我和麦昆相识。认识还不到一天的时间，李和我就成为彼此的男友，自从他知道我会缝纫以后，我就被拉来帮他一起制作他的下一个设计系列。

当时我们没有工作室，只能借用位于伦敦东北部查德威尔希思(Chadwell Heath)他姐姐家的前厅工作，而圣马丁学院的教室就成了我们非正式的工作室也是我们办公的地方。在接下来的一年里，李的所有会谈都约在查令十字路附近。"在圣马丁艺术学院外碰面。"他会这样告诉各类造型师、模特或是助理们，经常会带这些人去Maison Bertaux酒吧的楼上，如果会面进展得顺利，大多数情况下，他们最终会在市中心的其他酒吧结束会面。

李早在我入学三年前的1992年毕业，但他还是经常回到圣马丁学院，几乎每周都要回去一次。他的名声在不断扩张远播，随之而来的是很多负面的影响，他开始怀疑外面的世界，他觉得外面满是想要敲诈他的人，或是要利用他的才华达到目的的人。但是圣马丁学院是让他感觉像家一样的地方，在那里他会觉得与创造者、合作者和共识者们在一起是安全的。

虽然李可能永远都不愿承认，但他还在继续回到他的"家"里，这是他心目中位居第一位的也是唯一的一个他很喜欢的地方，因为在这里他觉得自己和其他人是一样的，他们接受他，爱那个真实的他，他被认可是自己人。

亚历山大·麦昆时尚硕士学位毕业秀，1992年。

本页图和对页图：亚历山大·麦昆时尚硕士学位毕业秀，1992年。

1990s

对页图和本页图：亚历山大·麦昆时尚硕士学位毕业秀，1992年。

凯蒂·格兰德，1993年。

# 凯蒂·格兰德（Katie Grand）（中途退学1991年）

造型师和时尚记者

1991年，任新推出的*Dazed & Confused*杂志时尚总监
1999年，任*The Face*杂志时尚总监
1999年，任*Pop*杂志主编
2003年，获得英国年度最佳时尚造型师奖
2009年，创办*Love*杂志并担任主编
2010年，首届Louis Vuitton品牌展策展人
2013年，凯蒂·格兰德与品牌Hogan联名合作设计推出了三个设计系列
2014年，任*W*杂志特约时尚创意总监

**是什么令中央圣马丁学院的时尚系如此的与众不同？**

时尚系的入学申请面试过程非常特别。他们会从英国各地筛选出异乎寻常的青年并把他们带到伦敦。当时圣马丁学院校区还设立在查令十字路上，老康普顿街（Old Compton Street）几乎每天都会有一场时装秀。我们真的就是每天都在忙于这些事情。

我一心都想去圣马丁学院学习。我在伯明翰学习A-level艺术课程（英国学生的大学入学考试课程）的导师建议我联系当时的英国版*Vogue*杂志主编莉丝·蒂贝尔里斯（Liz Tilberis），她就关于我“如何进入时尚界”的疑问给予了她的建议，她说：“你要去圣马丁学院，要去那里认识更多的人。”所以我就这么做了。

**在校学习期间有令你记忆深刻的事吗？**

我的第一天就像是青春电影《名扬四海》（*Fame*）里的学生在食堂演唱跳舞的那段场景。我们去了戴夫咖啡吧，就和电影中的场景一模一样：打扮漂亮的男生们在咖啡吧内到处闲逛，一边喝着咖啡一边抽着烟。那天，我还见到了安妮塔·帕伦伯格（Anita Pallenberg），她和我是同届学生，她穿着一件滚石乐队限量版旅行款夹克。那时我还不认识她，但这些都成为我的永恒记忆。

我们会在大学里学习或工作到4点左右，然后相约去酒吧玩，这已经是我们那段生活的常态。那段期间我认识了很多人，其中有很多人已经成为了我生命中要好的朋友或是未来工作中共事的伙伴，这些人包括贾尔斯·迪肯（Giles Deacon）、卢埃拉·巴特利（Luella Bartley）、斯特拉·麦卡特尼（Stella McCartney）、菲比·费罗（Phoebe Philo）、大卫·卡波（David Kappo）、安德鲁·格罗夫斯（Andrew Groves）、格蕾丝·科布（Grace Cobb）。大卫可能是我心目中最具有“圣马丁个性”的代表人物。

说实话，我不确定我在圣马丁学院学到了什么。那里对我来说就是向往自由最好的地方，我在21岁时就只想要走出家门开始独立的生活和工作。学习时尚课程期间，每个人都在设计和绘画方面进步很多，只有我觉得时尚设计课程不再适合我了。我开始转向尝试其他课程，包括时尚传媒与推广、时尚市场与营销，还有时尚印染课程。我想我太一心求胜了，但我也没有完全迷失方向，但我肯定不是未来的设计之星，相比我更喜欢利用的我的午餐时间相约英俊的男孩子们一起去逛Duffer of St George品牌店。

1993年我遇到了兰金（Rankin）和杰斐逊·海克（Jefferson Hack），那时他们忙于制作出版*Dazed & Confused*杂志和一个名为“吃掉我”（Eat Me）的学院项目，因此在我的休学期间我开始为他们工作。之后我试图回到学院继续我的学业，鲍比·希尔森对我说：“如果你再这样继续下去，无论是做杂志还是继续你的课程学习，你都会面临失败。你应该选择只专心于一边。”最终我选择了继续做杂志并结束了那次谈话，我看着学院墙面上到处贴满的都是我和当娜·特洛普（Donna Trope）从*Dazed & Confused*杂志那边得到的影像图片，同时心里想着“那里的每一个人曾给予过我的最好建议”。之后我选择了放弃这里的学业就再也没有回头。

凯蒂·格兰德身穿自己的设计作品，图片出自她的“黑色”速写本，1990—1992年。

本页图从上顺时针方向：影印图出自凯蒂·格兰德的“黑色”速写本，1990—1992年；针织衫造型片，约1991年；“黑色”速写本上的手绘图，1990—1992年。

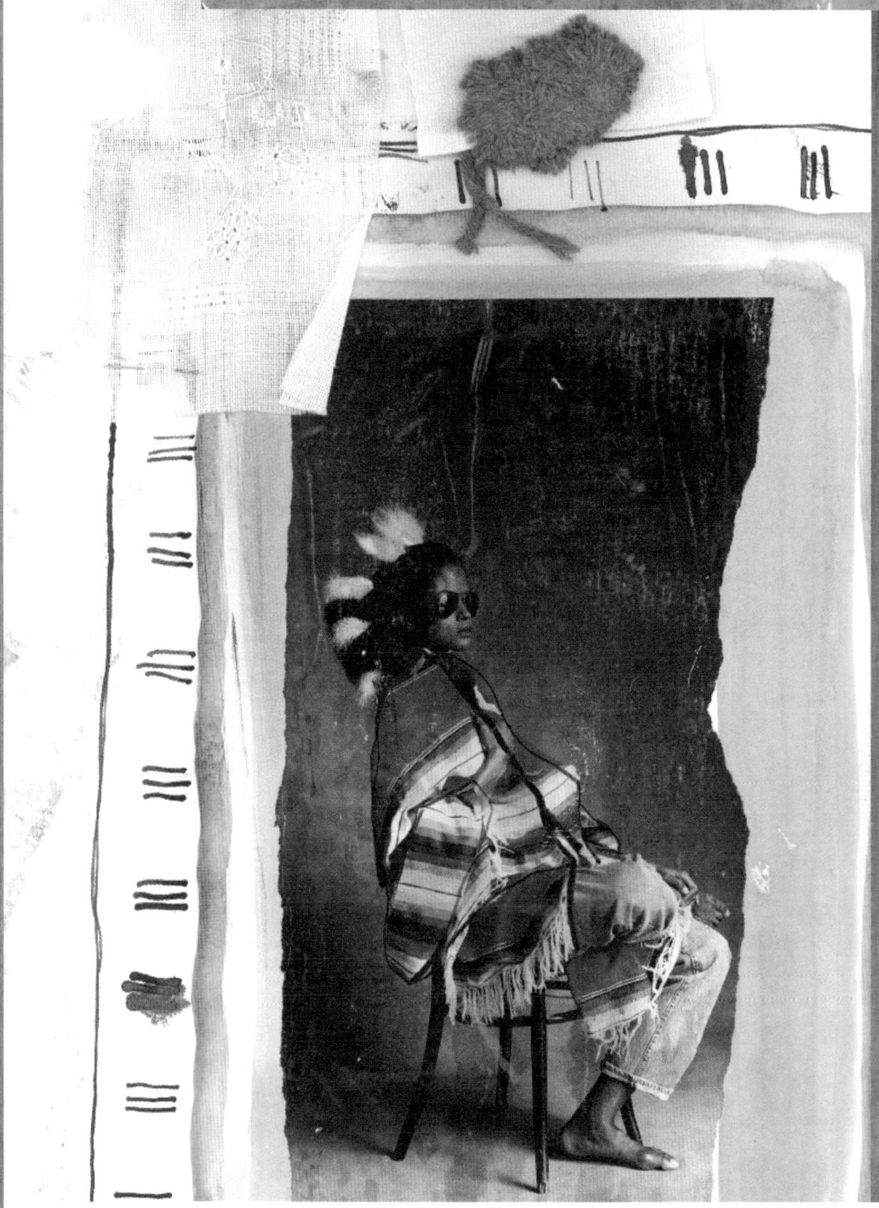

本页图和对页图：凯蒂·格兰德的“粉色”速写本上的灵感插图创作，1991—1996年。

garments with hairy bits.

# 苏珊·克莱门茨（Suzanne Clements）（学士学位 1991年）与伊纳西奥·里贝罗（Inacio Ribeiro）（学士学位 1991年）

时装设计师

1993年，二人共同推出品牌Clements Ribeiro
2000—2007年，二人共同担任法国品牌Cacharel的创意总监

**在圣马丁艺术学院学习期间有令你记忆深刻的事吗？**

**伊纳西奥**：是在开学的第一天我遇见了苏珊。

**苏珊**：那同样是我印象最深刻的事，还有就是参加学院的校季旅行去参加巴黎的国际时装周。我们挤进一辆长途客车内（那时还没有欧洲之星高速列车）彻夜驱车前往巴黎。当我们到达了那里才意识到我们穿的都过于夸张了。那时候我们可以自由出入每个秀场，我们有一个非常要好的朋友是秀场摄影师，他为巴西版的*Vogue*杂志工作。我们借用了他的后台通行证作为样板，用手术刀、胶水、彩色打印纸和证件照片伪造了很多张通行证。那一季，我们轻盈而自信地走进了所有的时装秀场，坐在模特对着摄影师摆拍亮相的那个位置。这经历真是太棒了。那些时装秀、模特们、国际时装买手和时尚媒体的工作状态和模式都令我们深有感触。这里几乎所有的人都是一身黑色着装，多数人穿的是日本设计师设计的服饰。

上图：苏珊·克莱门茨和伊纳西奥·里贝罗，约1991年。左下图：伊纳西奥·里贝罗的设计手稿，1991年。右下图：伊纳西奥·里贝罗的毕业设计作品，1991年。

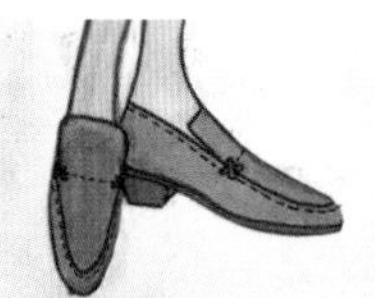

# 岸本和歌子（Wakako Kishimoto）（学士学位 1990年，硕士学位 1992年）

时装设计师

1992年，与马克·艾雷（Mark Eley）合作推出了品牌Eley Kishimoto
2008—2009年，任法国品牌Cacharel的创意总监

岸本和歌子，约1987年。

**在圣马丁艺术学院学习期间有令你记忆深刻的事吗？**

在学院的教室里，我坐在靠窗边的位置，可以俯瞰到希腊街，那里像是我的避难所。我的位置空间太小了，小到甚至都不能打开放置A1大小的作品册。我经常会在我的座位上工作到很晚直到被赶出去，然后我会去一家名为剑桥（Cambridge）的酒吧楼上等着赶夜车回家，之后就是期待着第二天赶紧回到我那小小的位置继续我的工作。

**在圣马丁学院学习时期，有没有哪位导师或学生对你的影响特别大？**

娜塔莉·吉布森是我的印染课程导师，现在我们还是非常要好的朋友。20世纪80年代末，几乎每个人都喜欢穿黑色，但她却喜欢穿着艳丽的颜色和满是花型的衣服，笑容就如同她的衣服和她的红发一样灿烂，她总是充满热情，积极主动地关心鼓励她的学生们。

岸本和歌子的速写本，20世纪90年代初；岸本和歌子的时尚学士学位毕业秀，1990年。

# 侯赛因·卡拉扬（Hussein Chalayan）（学士学位 1993年）

## 时装设计师

1994年，推出个人同名品牌
1998年至今，任TSE New York、Asprey和Puma等品牌的创意总监
1999年，获得英国年度最佳设计师奖，英国时尚大奖（2000年再次获奖）
2006年，获得大英帝国员佐勋章（MBE）
2014年至今，任品牌Vionnet设计师
2015年至今，任维也纳应用艺术大学（University of Applied Arts）时尚系主任

侯赛因·卡拉扬的学士学位毕业设计手绘草图，1993年。

达尔·乔达（Dal Chodha）撰文

侯赛因·卡拉扬那深奥又令人印象深刻的作品让很多记者和时装编辑们为之困惑了二十多年。最突出的是他按季推出的时装设计系列作品，通常都是表演性很强的时装发布秀，它们都已经被载入了时尚史册。例如，最具影响力的一场秀是名为“Afterword”2000年秋冬时装发布秀，秀上展示的客厅里摆放的家具被折叠成手提箱，衣服被伪装成椅套。这次发布会视频在油管（YouTube）上被点击播放量超过10万次以上。当然这只是他的众多令人印象深刻的大秀中的一个最特别的例子。卡拉扬创作的每场秀展示出不同的内容：有概念艺术、雕塑、科学类项目，也有完全关于时装的。

他在1989年获得中央圣马丁学院时装设计课程的入学资格，温迪·达格沃西是他的课程导师。在市中心的查令十字路107-109号的一栋灰色大楼内，他和另外12名同学在他们自己制作的薄纱泡泡中工作。他说：“那时的市中心很脏，很色情，很真实也很危险。那里随处充满了欢愉，但还没有太商业化，是原始的自然状态，令人兴奋的地方。”午餐时间他会去一家名叫Presto的意大利餐馆，在那里会经常遇到德里克·贾曼（Derek Jarman）和蒂尔达·斯温顿（Tilda Swinton）在一起用餐；卡拉扬和他的朋友们则坐在对面的角落里大口大口吃着价格便宜的意大利面。卡拉扬回忆说：“我们常会去Stockpot，意式咖啡吧，唐人街的Wong Kei，因为这几家餐馆真的很便宜。”圣马丁学院所提供的教育模式完全超越了只针对细节的教学，这个课程不是教你要怎样缝上袖子或如何裁制一条裤子。“我是一个真正的自由主义者，当我第一次来到学院时，我觉得这个选择是对的，因为这里的教育很符合我的人生观。我总是喜欢针对社会性的主流思想做出挑战，所以对我来说，置身于这种学习环境让我感觉很正常。我甚至都没有想到的是，这里会找到我们想要的生活方式。”

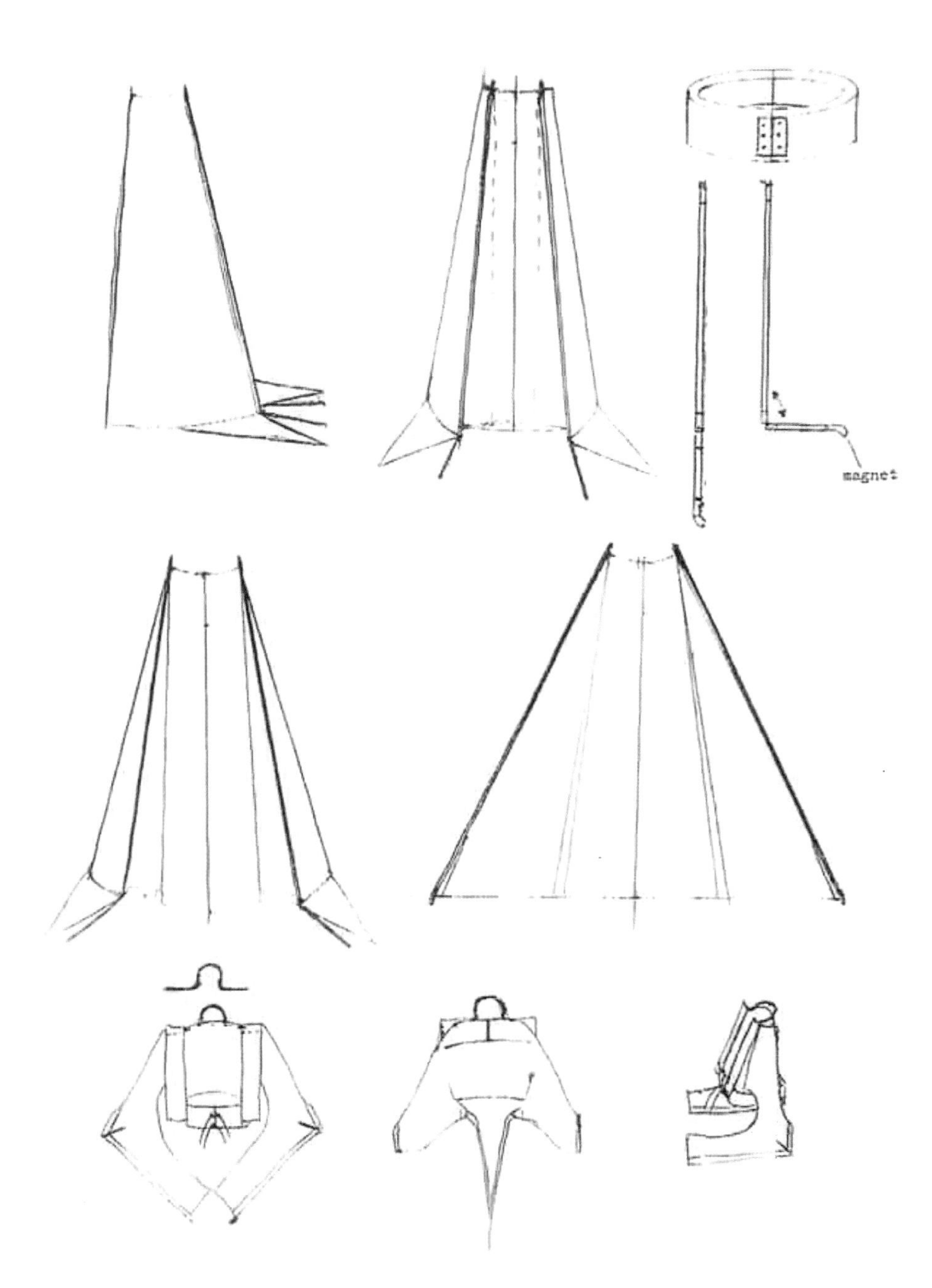


侯塞因·卡拉扬的学士学位毕业设计手绘草图，1993年。

今天，这个地方已经变得面目全非了。曾经那些廉价的意大利餐馆和反复无常的顾客、黑暗的地下酒吧铺着黏黏的地毯，还有空气中弥漫着的轻浮气息——所有的事物都启发了卡拉扬的创作灵感，在一楼的工作室里创造出了那些精彩的设计作品。卡拉扬说：“这是一个需要在校内努力创作与校外努力寻找灵感相结合的课程，那是我生命中最重要的几年。”

对页图和本页图：侯赛因·卡拉扬的时尚学士学位毕业秀，1993年。

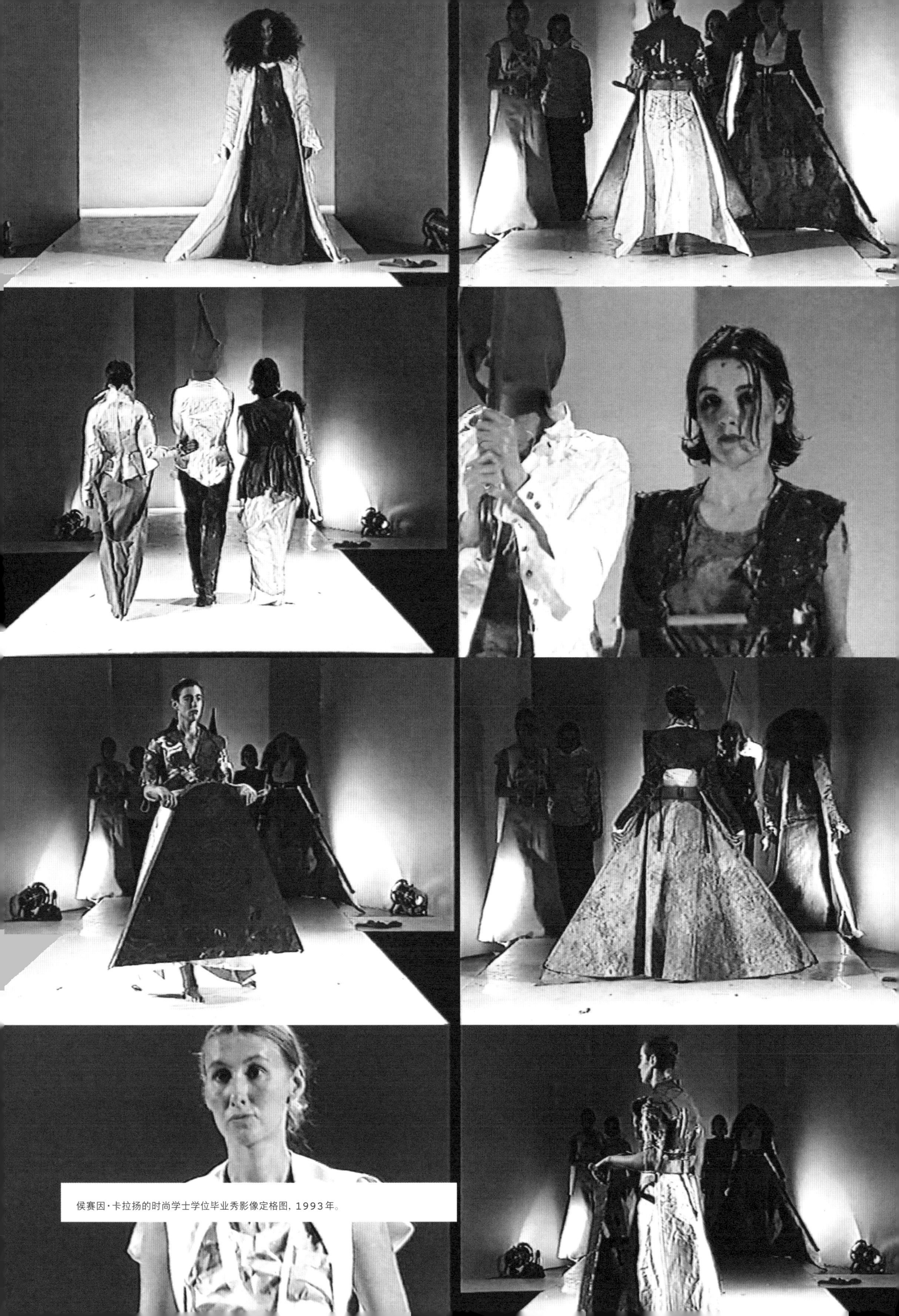

侯赛因·卡拉扬的时尚学士学位毕业秀影像定格图，1993年。

作为中央圣马丁学院的学生要求具备某种抽象概念或对事物有深入探求的能力，这种具有冒险精神的能力会带你脱离世俗。卡拉扬对一次校季旅行去巴黎的印象非常深刻，那次旅行在巴黎的所见所闻令他感到兴奋到头脑发热，与平时冷静的自己判若两人。他花言巧语地混进了三宅一生和让·保罗·高提耶的时装秀，他和他的朋友会一起躲藏在摄影师的身后直到音乐响起，秀后会被朋友们拉去巴黎的一家叫Les Bains Douches的夜店。“参加旅行的每个人相比他们在伦敦的时候更放松。真的就是全身心地放松下来，几乎就快要失去理智！”20世纪90年代备受推崇的冷淡极简主义风格还没有开始到来，那时的巴黎还在为接近尾声的80年代迷人魅力风尚忙碌着。卡拉扬说：“我想要做出更具表现力的设计，也想要更自由地去创作。你不需要并购其他设计师品牌去制造不平等。对每个人来说一切皆有可能，每个人都是平等的。这才是最真实的感受。”

在卡拉扬的整个职业生涯中，他一直在从事制作电影和装置艺术，并在多家画廊和博物馆展出，同时还经营着一些商业业务。这是一种有效的工作方法，他认为这是他在学习期间所掌握的能力。卡拉扬强调说：**“中央圣马丁学院不是一所时尚院校，而是一所艺术学院，时尚仅是这所学院下属的一个系。**那是一个可以对话交流的地方。你在一楼的戴夫咖啡吧里与雕塑、摄影和艺术学生们谈话交流。他们会在我的时装秀上做我的模特，或是出现在我的产品册中。我们会互相欣赏各自的作品。这就是为什么这里的学生作品往往会有跨越自己专业界限的表现力。这里才是真正适合我的地方。”

侯赛因·卡拉扬时尚学士学位毕业秀，1993年。

卡拉扬继续说道：“我经历了一段令人赞叹但又非常艰难的旅程，在现实世界中还有很多需要我去尝试的东西，我是那种喜欢体验一切的人，我也是一个很勤奋的人。我是一个喜欢冒险但又很遵守原则的人。”对大学时代的享乐主义者们，中央圣马丁学院任何一位校友都会告诉你他们是如何应对那些源源不断的建设性评审。“是的，你的作品会受到很严厉的评判，”卡拉扬总结道：“即使在今天，我仍处在信心满满和不断质疑两种状态之间。”

# 安东尼奥·贝拉尔帝(Antonio Berardi)(学士学位 1993年)

## 时装设计师

1994年，推出个人品牌
2009年，获得*Harper's Bazaar*杂志评选的“年度最佳服装设计奖”

**是什么让中央圣马丁学院的时尚专业有别于其他院校的时尚专业?**

那里没有教条的规定。院校内学生们都是无政府主义者(疯狂的享乐主义者)，他们喜欢出入各色的聚会和夜店，他们会关注妓女、变装皇后、设计师和流行乐歌星们。几乎所有有影响力的人物都会成为他们追捧的目标，他们这样做的想法就是，总有一天他们可能会用到这些人。更有种想法就是只要你进入了圣马丁学院的大门，相比其他院校的时尚专业学生会更容易脱颖而出。还有的学生会很坚持一种保守的想法：在这里你可以随心所欲地炫耀卖弄自己，但永远都不想公开展示自己的作品。他的作品只可以展示给导师来评论，极少的情况下是需要全班公开的，这种情况下导师会保留其作品做私下评审。在这里你还可以自己评判自己作品，你的作品是你的个人隐私，也可能是你最想隐藏的部分。还有全国最时尚、最会穿着的学生都在这个学院里。也许那个学生一个人住很辛苦，冰箱里空空如也，付不起房租，会睡在任何人家里的地板上，但是他还是会打扮得光鲜亮丽地准时出现在夜店里，身上穿着Gaultier、John Flett、Gallian、Dean Bright、Hamnett或Westwood等品牌时装，那真是上天所赐。

安东尼奥·贝拉尔帝，约1993年。

安东尼奥·贝拉尔帝时尚学士学位毕业秀，1993年。

**你在这所学院学到的最重要的三件事是什么?**

1. 永不轻言放弃。
2. 每一天都要肆意放纵的创造力，没有被设定任何界限。
3. 永远都不要认为任何事都是理所当然的。

**对那些有理想和正在学习时尚的学生有什么建议吗?**

做你自己。我们都会有各自独特的视角，你永远都不要轻易受你所看到的、听到的或被告知什么是正确的和有意义的事情所干扰。要时常牢记真正影响你的是你内心的声音。

背景图：安东尼奥·贝拉尔帝的设计手稿，1993年。上图和下图：安东尼奥·贝拉尔帝的时尚学士学位毕业秀，1993年。

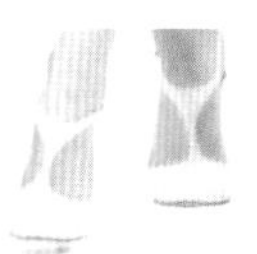

# 贾尔斯·迪肯（Giles Deacon）（学士学位 1992年）

时装设计师

2004年，推出个人同名品牌
2004年，获得英国时尚大奖的最佳新人奖
2005年，获得*Elle*风尚大奖的最佳青年设计师奖
2006年，获得英国时尚大奖的年度最佳设计师奖
2009年，获得*GQ*杂志评选的年度最佳设计师奖
2009年，获得法国的ANDAM时尚大奖
2010—2011年，任品牌Ungaro创意总监
2016年，推出个人高级定制设计系列

**在你看来，为什么中央圣马丁学院的时尚系会有如此成就？**

中央圣马丁学院的时尚系会如此的成功是因为这里有优秀的导师、优越的地理位置，并与以艺术为主渐进式的学院教学模式相结合。

**你认为圣马丁学院的时尚专业与其他院校的时尚专业有何不同？**

中央圣马丁学院吸引了最优秀的学生前来学习。

**什么原因让你选择了圣马丁？**

通向成功之路。

**你对那个时候有很深刻的记忆吗？**

戴夫咖啡吧和食堂都很好。

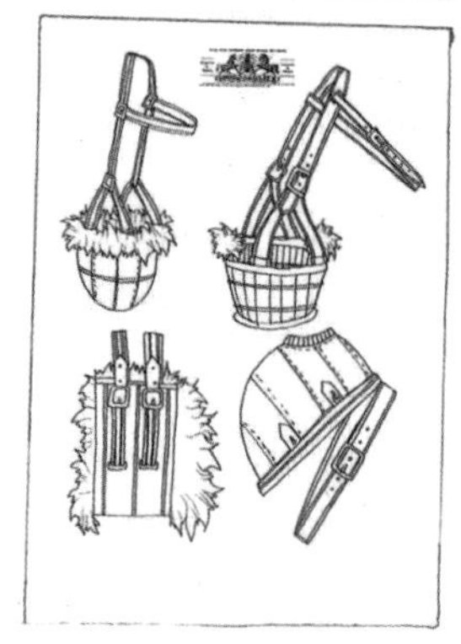

“赛马场风格与围栏场内的帅气十足：运用粗线脚缝纫出的新风貌”，贾尔斯·迪肯的学士学位毕业设计手稿，1992年。

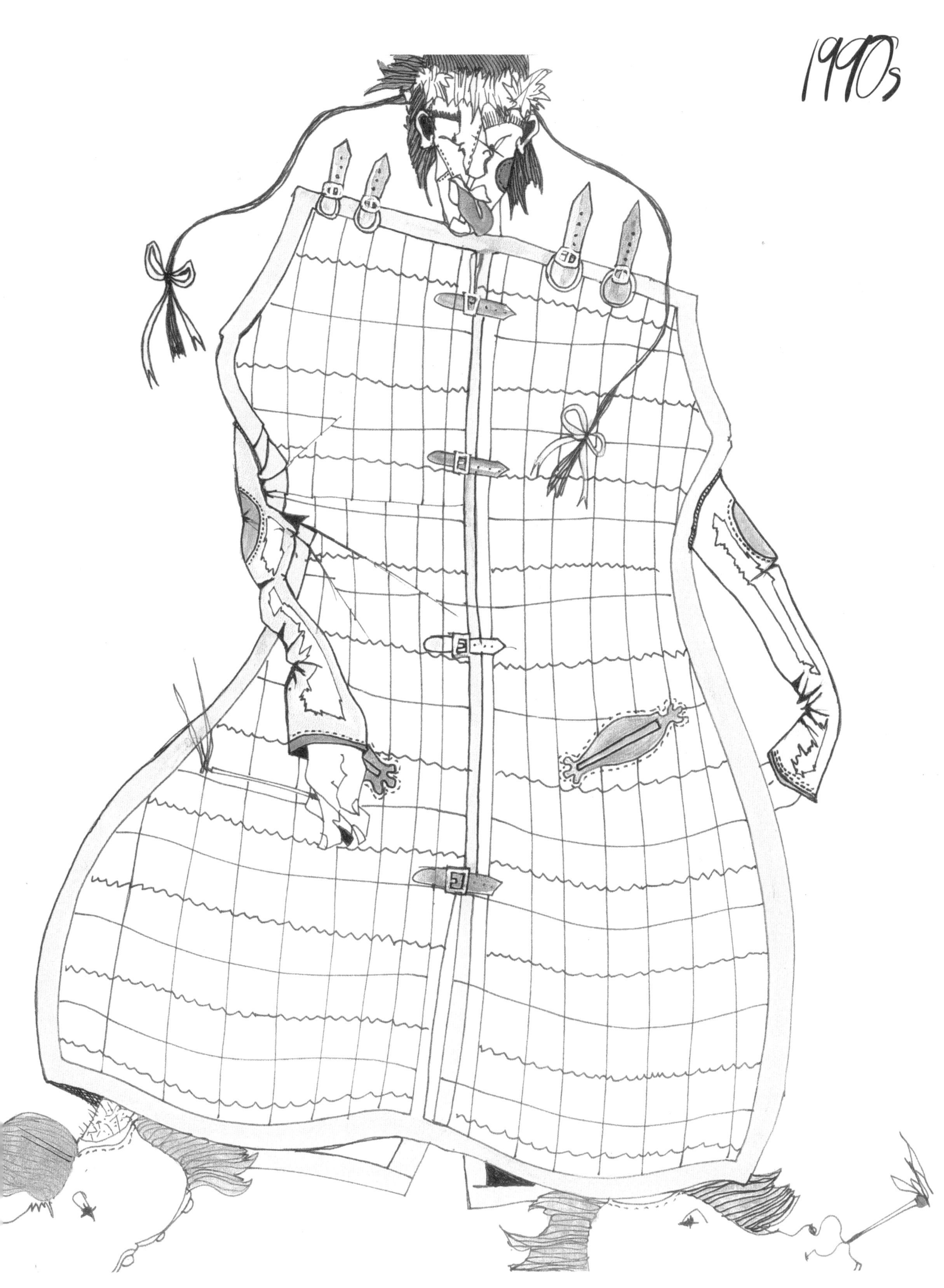


“赛马场风格与围栏场内的帅气十足：运用粗线脚缝纫出的新风貌”，贾尔斯·迪肯的学士学位毕业设计手稿，1992年。

**那个时候你会和谁经常在一起？**

大卫·卡波。

**你在圣马丁学院学到的最重要的三件事是什么？**

1. 不要浪费时间。
2. 做好个人的事。
3. 运作良好的竞争环境是必不可少的。

**最后，你对那些有志向和正在学习时尚的学生有什么建议吗？**

要多画画，要放下你那自以为是的态度。

对页图："赛马场风格与围栏场内的帅气十足：运用粗线脚缝纫出的新风貌"，贾尔斯·迪肯的学士学位毕业设计手稿，1992年。
本页图：贾尔斯·迪肯的学士学位毕业秀，1992年。

# 马修·威廉姆森（Matthew Williamson）（学士学位 1994年）

## 时装设计师

1996年，推出个人同名品牌
2005—2008年，任品牌Pucci创意总监
2008年，获英国时尚大奖的最佳红毯礼服设计奖

**是什么令圣马丁学院的时尚专业有别于其他院校的时尚专业？**

时尚课程内容设定很合理，也很具实践性，让我学习起来感觉很流畅顺利，你可以任意发挥自己的风格不需要符合固有的模式，我相信这里的时尚课程帮助了那些有雄心梦想的、来自世界各地的学生们，并为他们提供了一个充满活力的创作空间。

**在圣马丁学院学习时期，有没有哪位导师或学生对你的影响特别大？**

我选修的是时尚学士学位的时尚与纺织课程。我的导师是娜塔莉·吉布森。她是个古怪的、充满异国情调的人。她影响启发了我去做自己想要做的事；她允许并鼓励我去释放和表现自己。我们对装饰性的图案、风格、浓烈的色彩以及所有与印度有关的东西都非常喜欢，所以我们一直很合得来，她帮助我走上了最适合我的时尚之路。

左上图和右上图：马修·威廉姆森，约1994年。左下图和右下图：马修·威廉姆森时尚学士学位毕业秀，1994年。对页图：马修·威廉姆森时尚学士学位毕业秀影像定格图，1994年。

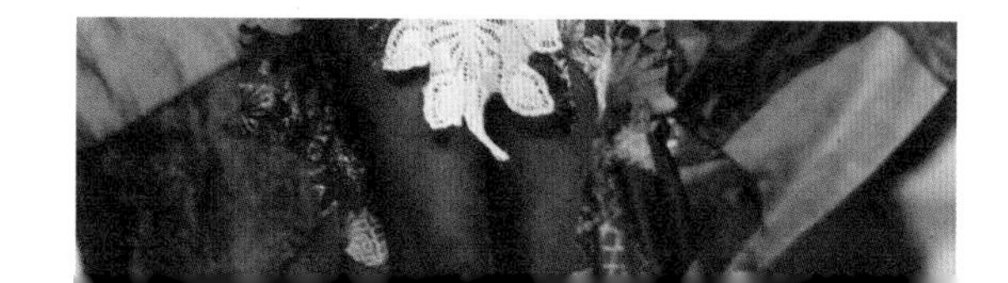

1990s

## 斯特拉·麦卡特尼(Stella McCartney)(学士学位 1995年)

时装设计师

1997—2001年，任品牌Chloé创意总监
2000年，获得*Vogue*杂志VH1/*Vogue*时尚大奖的年度最佳设计师奖
2001年，推出个人同名品牌
2004年，获得*Glamour*杂志魅力大奖的年度最佳设计师奖
2007年，获得*Elle*风尚大奖的年度最佳设计师奖
2008年，获得ACE大奖(ACE Awards)的年度最佳环保设计师奖
2013年，获得大英帝国官佐勋章
2018年，成立斯特拉·麦卡特尼环保公益基金会(Stella McCartney Cares Foundation)

对页图：凯特·摩丝（Kate Moss）身穿展示斯特拉·麦卡特尼的设计，约1995年。
本页图：斯特拉·麦卡特尼的时尚学士学位毕业秀上，娜奥米·坎贝尔（Naomi Campbell）身穿展示斯特拉·麦卡特尼的设计，1995年。

斯特拉·麦卡特尼的时尚学士学位毕业秀影像定格图，1995年。

克劳迪娅·克罗夫特
(Claudia Croft)撰文

表面上看来，斯特拉·麦卡特尼在1995年圣马丁学院的时尚学士学位毕业秀，展示的规模与形式与其他学生的很相似。同样地，在毕业秀的前几周里，她会连续夜以继日地努力工作，在发布会当日她的父母会同时出现在观众席上，她也邀请了很多朋友们来为她走秀，似乎一切看起来都太正常不过了，但其实相似之处也就仅限于此了。她的父母绝对是这星球上最具影响力的夫妇之一。她的父亲是前披头士乐队成员保罗·麦卡特尼爵士(Sir Paul McCartney)，她的母亲是已故的琳达(Linda，摄影师、音乐家、动物保护主义活动家和企业家)，和他们一起出现在前排观秀席位上的还有著名的崔姬(Twiggy)，她是20世纪60年代最具代表性和最有影响力的模特。为她走秀的朋友都是超模，包括凯特·摩丝、娜奥米·坎贝尔和雅思门·勒·邦(Yasmin Le Bon)。有了这些重量级明星的亲自到场支持，斯特拉·麦卡特尼在圣马丁学院的毕业秀不可能就这样成为一场普通的仪式，这场秀登上了当时的头版新闻。

斯特拉·麦卡特尼的毕业宣传册，1995年。

麦卡特尼从小就想成为一名时装设计师。她13岁设计制作了自己的第一件夹克，16岁时跟随克里斯汀·拉克鲁瓦(Christian Lacroix)做实习工作，之后又利用自己的空闲时间去萨维尔街为爱德华·塞克斯顿(Edward Sexton)工作，塞克斯顿是专为她父亲定做西装的裁缝。她读完瑞文斯博学院(Ravensbourne College)的预科课程之后开始考虑进入下一阶段的学习。作为一半是美国身份的她开始有考虑过申请就读纽约帕森斯设计学院或纽约时装技术学院(FIT)，但她说："我很快就意识到圣马丁学院才是世界上最好的艺术学院。"

她想法改变的原因是因为"圣马丁学院所在的中心地段是那样的富有活力，以及这里的历史和那些传承下来的遗迹，有很多我认识的设计师都是这所学院的毕业生，还有我和朋友们曾到访过那里。就是这所学院。这是我最想去的地方。"

她记得她在面试的时候感到很紧张。她回忆说："我希望可以通过自己的努力而获得入学资格。"所以她用了斯特拉·马丁这个名字去参加了面试。"我想用不同的名字去申请参加面试……他们可能已经知道我是谁了，但是我试图假装不是我本人，感觉很奇怪也很尴尬。"

麦卡特尼1992年进入圣马丁学院参加时尚学士学位课程的学习。在这段学习期间，她住在位于伦敦西区的一处地下公寓，每天开车去市中心的查令十字路校区上课。课外的时间她都会去戴夫咖啡吧或是被吸引到雕塑教室那边，"因为所有的男孩子都在那里"。不过大多数情况下，圣马丁艺术学院的课业安排都是很紧张的，所以大部分时间她都是和朋友们在一起忙着设计、制作衣服。"直到今天，每次我看到娜奥米·坎贝尔时，她还会说：'你还记得那时我们在深夜的路上捡落叶的事吗？'那时我们在凌晨2点就起床了，我们将捡到的树叶压在用塑料制成的袖子里，然后缝制成夹克。"

斯特拉·麦卡特尼时尚学士学位毕业秀，1995年。

阿曼达·哈莱奇（Amanda Harlech）给了麦卡特尼时装廓形课业A，那是她获得的第一个A级成绩。麦卡特尼说："这里的竞争真的是太激烈了。"与英国其他学院的学生不同，他们来圣马丁学院求学的目标并不是要在玛莎百货（Marks & Spencer）找到工作。"我当时考虑的是，在你毕业以后，你可以成为那个为别人创造就业机会的人。你不一定要去为别人工作。"和其他同学一样，她感到很有压力。"在圣马丁学院，你会觉得你不是那个最酷的学生，也不是穿着最时尚的，打扮最前卫的学生：这里每个学生都会有这种苦恼。"至于麦卡特尼在学生时期的造型风格就是她在萨维尔街做实习工作时的那种西装外套搭配休闲裙和运动鞋的装扮。她说："我没有打扮得很疯狂；我就是那种穿着很'90年代女孩'的样子。"

她是在圣马丁艺术学院认识菲比·费罗的。在学期的最后一年，下一届的学生会被安排做助理工作。麦卡特尼曾协助过安东尼奥·贝拉尔帝完成他的毕业设计系列，而她又得到了费罗的协助。麦卡特尼在谈论这位命中注定的搭档时说："就这样，我们成了形影不离的伙伴，他们会将性格和品位相似的人搭配在一起。他们在这方面很在行。主要是由个性因素而定。"1997年，当麦卡特尼在成功接替卡尔·拉格菲尔德（Karl Lagerfeld）担任品牌Chloé的创意总监后，她带着费罗一起为Chloé工作，她们始终是一对非常要好的朋友。

在她还是学生的时候，麦卡特尼回忆说她会在早上4点就起床去市场找寻古董蕾丝用来做内衣，在服装店里采购非皮革制的鞋子，在老牌帽子店Lock&Co.购买帽子，与爱德华·塞克斯顿一起做裁剪缝纫。之后她与费罗一起将这些前期所做的准备都融入了毕业设计中，并竭尽全力地完成了整个系列的创作。平日里，她是一名时尚专业的学生，但到了晚上，她是个热衷于摇滚乐的年轻人，经常出入于名人圈内的聚会并充分地利用和收集90年代的伦敦可接触到的信息资源。她描述那是一个非凡的时代，是艺术、音乐与时尚相互碰撞而充满创意的时代。麦卡特尼说："所有的一切都交织在一起。"凯特·摩丝曾是她的室友，她就在这一切的中心。"我们会在晚上出去，也不许别人偷拍我们；那时与现在不同。我们都是相同的年纪，都进入了时尚行业，我们在一起玩得很开心。我们都是不会轻易向别人道歉的人。"尽管如此，麦卡特尼承认那时她很天真，因为有超模朋友的加入而令她的毕业秀获得更多的关注。

学生们都可以用他们自己选择的模特来表演毕业秀，为此麦卡特尼开始清点自己的人脉关系网。"我几乎拉来了我所有要好的朋友来帮助我完成这次毕业秀，并安排她们做我的模特。这真的是很难得，那些非常出名的超模们恰好都是我的朋友。"第二天各大媒体报刊上都登出了凯特、娜奥米和雅思门在麦卡特尼毕业秀上表演的照片。她哭笑不得地说道："没有人关注和谈论我的父亲为我的毕业秀而制作的音乐。有趣的是，他可比我那些超模朋友更出名。这算是我打出来的最好的一张牌。"

毕业秀后，娜奥米·坎贝尔坚持要斯特拉在阳光下享受属于自己的时刻。“她把我拖出来坚持要与我拍合影，”她摆了一个很勉强的姿势说：“我现在已经适应了，对自己的身份更加自信了，但那时我认为我只是保罗·麦卡特尼的女儿，并且身边有超模朋友，所以我会时常感到不自在。”

当一些评论家批评她利用自己的名人关系来获得不公平的利益时，麦卡特尼的另一面才能很快地浮现出来。除了成为新闻头条外，麦卡特尼以男装搭配为灵感设计的套装与复古内衣式连身裙的造型组合受到了零售商和顾客们的青睐。她说：“在学院里没有人教过你当你毕业离开后会发生什么，我的毕业秀结束以后的第二天我就接到了一个零售商打来的电话，是位于考文特花园的名为Tokyo的一家商店。他们想买入我的设计系列。我当时在想，‘你在说什么？买下我的设计系列？这是萨维尔街的高定西装，用古董蕾丝和古色古香的纽扣制成的吊带连身裙。’我回答说，‘那是不可能的。’”之后她又另寻途径，最终将这些设计作品卖给了布朗斯（Browns）时尚精品买手店、Joseph女装精品店、Bergdorf Goodman百货商店和Neiman Marcus百货公司。

1997年，麦卡特尼加入了Chloé，在她任职期间，Chloé的销售额翻了四倍，在2001年她与Gucci集团[现在是开云集团（Kering）]合作创立了自己的品牌。麦卡特尼与圣马丁艺术学院从未断过联系。她经常会回到学院招收新人，还资助教学基金，但是她得到的最好建议是来自她父母而不是导师。“我的父母总是说要忠于自己。不要去做你不擅长的事。”

斯特拉·麦卡特尼时尚学士学位毕业秀，1995年。

菲比·费罗，约1996年。

# 菲比·费罗（Phoebe Philo）（学士学位 1996年）

时装设计师

1997—2001年，任品牌Chloé设计师
2001—2006年，任品牌Chloé创意总监
2005年，获得英国时尚大奖的年度最佳设计师奖（2010年再次获奖）
2008—2018年，任品牌Céline创意总监
2011年，获得CFDA时尚大奖的年度最佳国际设计师奖

菲比·费罗，法国时装品牌Céline的前任设计师，引用她在中央圣马丁学院学习时的一句名言：**"我只想做一条裤子，而这条裤子能让我的屁股会看上去更好看，而不是一条灾难般的裤子。"**

菲比·费罗时尚学士学位毕业秀影像定格图，1996年。

上图：尼尔·吉尔克斯（Neil Gilks）身穿菲比·费罗的设计，约1996年。下图：菲比·费罗，约1996年。

# Phoebe Philo

Tel: 0171 792 1225

Masculine tailoring from the 1950's, 1960's and 1970's inspire this ultra-slick, in-ya-face womenswear collection. Beautifully cut trousers and body-skimming frockcoats with unexpected lapel design details mix with tight strapless tops tied kimono-fashion at the back.

Deep navy in the heavy outer garments gives way to blue-greys, electric and icy blues in cool tops. Classic wools, Prince of Wales checks with flocked decoration and leather contrast with hispanic ghetto-girl styling.

**Sponsors:**

Alegri

96 <

对页图：菲比·费罗的毕业宣传册，1996年。本页图：菲比·费罗时尚学士学位毕业秀，1996年。

本页图和对页图：菲比·费罗时尚学士学位毕业秀影像定格图，1996年。

1990s

# 安德鲁·格罗夫斯（Andrew Groves）（硕士学位 1997年）

## 时装设计师和教育家

2003年至今，伦敦威斯敏斯特大学（University of Westminster）时尚学士学位课程总负责人

**在你看来，为什么圣马丁学院的时尚系会有现在的成就？**

那里的教育理念是一直带有颠覆传统的思想，认为下一批学生会比上一批更优秀。这就意味着，每年新入学的学生似乎都在努力抵制和抹去从前的意识形态，并重新创造时尚的未来，这对他们来说意义非凡。

**教学/授课方式会产生什么样的影响？**

当然会对学生们产生很大的影响。中央圣马丁学院的导师会对自己的学生抱有绝对的信心。这就意味着导师需要去真正地了解学生本人，知道学生想要表达什么。来自导师坚定不移的信念意味着学生可以承担更大的风险，因此当学生不可避免的“失败”时，他们能够从失败中学习到更多，能够创造出更好的作品。

**在校学习期间你最开心的回忆是什么？**

我最开心的一段回忆是那次在路易斯办公室里上我的个人辅导课，我坐在那儿抽着烟。那个时期我每周都要在一家性用品店工作两天才能挣到足够我在中央圣马丁学院的学费。相比讨论我最新设计制作的白坯样衣，路易斯更倾向于谈论我为性用品店里的顾客做的那些极其夸张怪诞的东西。更有趣的是，当我在性用品店里工作的时候，那里的人只想和我讨论我在中央圣马丁学院里的趣事！

上图：安德鲁·格罗夫斯，1996年。左下图：安德鲁·格罗夫斯时尚硕士学位毕业设计作品，1997年。右下图：安德鲁·格罗夫斯时尚硕士学位毕业秀，1997年。

## 大卫·卡波（David Kappo）（学士学位 1993年，硕士学位 1995年）

时装设计师和教育家

1998年，与乔·贝茨（Joe Bates）合作推出品牌 Dave and Joe
1999年至今，任中央圣马丁学院时尚学士学位课程导师
2006年至今，任中央圣马丁学院硕士预科（Graduate Diploma）课程负责人，皇家艺术学院时尚硕士学位客座讲师

**“保持一个良好的循环体系，才是其内核的DNA存活下来的原因。‘你想做什么就去做什么。’‘不需要为做真实的自己而感到羞愧。’我就是这么说的，也是这样做的。能够做到这些并不难，因为这样做我会感到很快乐……每当我走进学院我都喜欢去戴夫咖啡吧坐坐，因为我想要知道当天晚上我们会去哪里玩。然后我们会一起回到教室去做一些服装制版的工作。”**

**大卫·卡波**

右上图：大卫·卡波，约1992年。
左上图：大卫·卡波时尚学士学位毕业秀，1993年。

## 特里斯坦·韦伯（Tristan Webber）（学士学位 1995年，硕士学位 1997年）

时装设计师和教育家

1997年至今，拥有个人品牌，其品牌涵盖多项业务范围，包括赚取佣金、展出作品、鞋履产品、配饰和室内设计
2000—2005年，任中央圣马丁学院导师，皇家艺术学院导师
2005年至今，任皇家艺术学院时尚女装设计课程高级讲师

特里斯坦·韦伯在英国埃塞克斯郡（Essex）的滨海利（Leigh-on-Sea）小镇长大，之后来到伦敦进入中央圣马丁学院攻读女装设计学士学位和硕士学位课程。他在1997年的时尚硕士学位毕业设计系列中采用了模压牛皮（moulded ox leather）制成衣服。毕业以后，他推出了自己的1998春夏设计系列，名为“Genius Orchideon Daemonix”。

从2000年开始，韦伯同时担任中央圣马丁学院和皇家艺术学院的时装设计课程导师。在2005年，任皇家艺术学院时尚女装设计课程高级讲师。

特里斯坦·韦伯时尚硕士学位毕业秀，1997年。

## 扎克·珀森（Zac Posen）（1998年入学）

时装设计师

2001年，推出个人同名品牌
2015年，获得《女装日报》（*Women's Wear Daily*）评选的最佳年度设计师奖

**在你看来，为什么圣马丁学院的时尚系会如此成功？**

高标准，开箱即用的观点，以及无与伦比的业绩记录。

**是什么让中央圣马丁学院的时尚专业有别于其他院校？**

国际学生数量和高强度课程。

**在校学习期间有令你记忆深刻的事吗？**

我想说每一天从开始到结束都是一次冒险，还有能和即将毕业的学生一起，帮助他们完成毕业设计系列。我曾协助娜塔莉·拉塔贝西完成她的毕业设计，她在毕业之后开始了她那非凡的职业生涯。

**在中央圣马丁学院学习时期，哪位导师对你的影响特别大？**

霍华德·坦吉（Howard Tangye）的绘画课会让我感觉得心应手。

**你在这里学到的最重要的三件事是什么？**

1. 处事的观点。
2. 执行力。
3. 坚强的毅力。

**你对那些有抱负和正在学习时尚的学生有什么建议吗？**

要学会去接受一切，不要害怕跳出框框去思考，要明白失败和成功同样重要。

左下图：霍华德·坦吉手绘的扎克·珀森半身画像，20世纪90年代。右下图：扎克·珀森与服装制版师雅各布·希勒（Jacob Hillel）在工作室，1999年。

# 莎拉·伯顿(Sarah Burton)(学士学位 1998年)

时装设计师

1996—1997年，在品牌Alexander MuQueen做实习生
1998—1999年，任品牌Alexander MuQueen设计助理
2000—2009年，任品牌Alexander MuQueen女装首席设计师
2010至今，任品牌Alexander MuQueen创意总监

莎拉·赫德(伯顿)，约1998年。

莎拉·伯顿[原名赫德(Heard)]来自英国的曼彻斯特，毕业于曼彻斯特理工大学，之后进入中央圣马丁学院学习时尚印染学士学位课程。1996年，她还在学习期间，就进入品牌Alexander MuQueen做实习生。

1998年，莎拉·伯顿毕业以后，正式入职该品牌，并于2000年晋升为女装部首席设计师。2010年，在麦昆离世后，伯顿接替麦昆成为该品牌创意总监，负责管理男装和女装部，同时兼管配饰设计系列。

2011年，伯顿作为凯瑟琳·米德尔顿(Catherine Middleton)与威尔士威廉王子殿下结婚典礼的婚纱设计师而受到世界的关注与认可。2012年，伯顿获得了大英帝国官佐勋章，表彰她为英国时尚业所做出的贡献。

此外，这位名副其实的设计师还获得过沃波尔(Walpole Award)英国奢侈品设计人才大奖，*Harper's Bazaar*杂志评选的年度最佳女性奖，以及英国时尚大奖的年度最佳设计师奖。

莎拉·赫德(伯顿)的时尚学士学位毕业秀，1998年。

# 洛克山达·埃琳西克（Roksanda Ilincic）（硕士学位 1999年）

时装设计师

2005年，推出个人品牌
2014年，获得*Harper's Bazaar*杂志评选的年度最佳商业女性奖
2016年，获得*Elle*风尚大奖年度最佳设计师奖
2018年，被授予外交和平主义圣萨瓦骑士勋章（Knight of the St Sava Order，塞尔维亚共和国颁发）

**在你看来，为什么圣马丁学院的时尚系会有现在的成就？**

学院的导师们一直在用一种独特的教学方式鼓励学生们要表达出自己的思想，引导他们展现出真实且与众不同的自己。学生们需要面对挑战，去成为真正的自己。

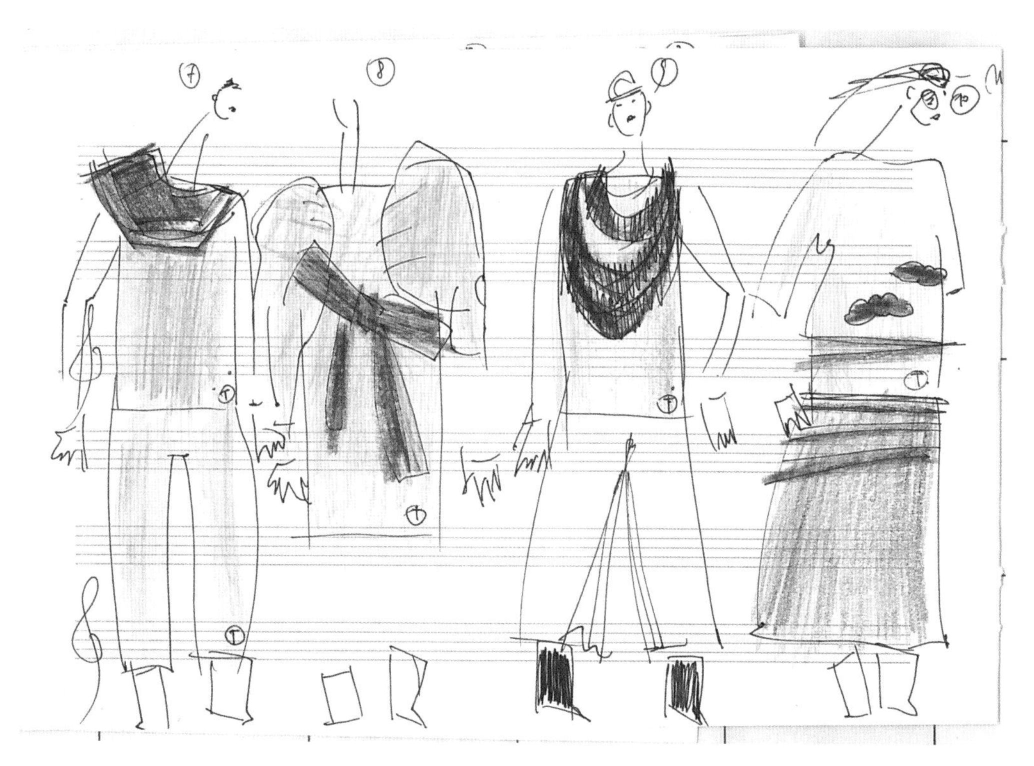

洛克山达·埃琳西克的手绘硕士学位毕业设计草图，1999年。

**是什么原因让中央圣马丁学院的时尚系如此的与众不同？**

对我来说绝对是这里的导师们令时尚系如此的特别。学院的时尚硕士学位的教师团队非常了不起，教师团队由路易斯·威尔逊领导，包括朱莉·弗尔霍文（Julie Verhoeven）、法比奥·派拉斯和简·谢泼德，当然还有其他名字就不一一列举了……

**是什么原因让你选择了圣马丁学院？**

我在家乡贝尔格莱德的大学攻读应用艺术专业时，我读过很多时尚与艺术类杂志。当我看到一篇关于路易斯·威尔逊的报道时心想："那些具有影响力、富有开创性的设计师都出自同一所大学，那里一定会发生许多令人赞叹精彩的事情。"最后证明了我的选择是正确的！

**在校学习期间有令你记忆深刻的事吗？**

我入学的第一天。我记得我很紧张但同时又难以抑制的兴奋。

**在圣马丁学院学习时期，有没有某位导师或学生对你的影响特别大？**

那肯定是路易斯·威尔逊。她造就了我。我在中央圣马丁学院学习时结交的朋友，直到现在同我还是一样亲近。那时我们会长时间在工作室里一起学习工作，他们就像是我的家人一样。没有他们我是坚持不下去的。

**你在圣马丁艺术学院学到的最重要的三件事是什么？**

1. 要始终抱有最坚定的信念。
2. 跟随我的直觉。
3. 最重要的是，要一直保持愉悦的心境做我正在做的事情。

**对那些有志向的和正在学习时尚的学生有什么建议吗？**

要积累经验。结识尽可能多的人并和他们交流。永远不要对学到更多新知识而感到厌倦。

上图：洛克山达·埃琳西克的硕士学位毕业秀，1999年。下图：洛克山达·埃琳西克的手绘硕士学位毕业设计草图，1999年。

# 里卡多·堤西（Riccardo Tisci）（学士学位 1999年）

时装设计师

2005年，首次推出个人同名Riccardo Tisci设计系列
2005—2017年，任品牌Givenchy创意总监
2018年至今，任品牌Burberry创意总监

**在你看来，为什么圣马丁学院的时尚系会如此的成功？**

这是巨大的成功，因为那里的导师们根本不会运用传统的教学方法去教你。他们允许你去做你自己，他们不会把自己的想法强加给你。他们会教你掌握技术与精神层面所必备的能力，为走出学院去面对严酷的时尚界做好准备。

**是什么令中央圣马丁学院的时尚专业有别于其他院校的同类专业？**

中央圣马丁学院的教育理念是自由的。他们教会你要相信和表达真实的自己。

**是什么原因让你选择了中央圣马丁学院？**

我的梦想就是要去伦敦，要去中央圣马丁学院学习，但是我负担不起那笔费用。中央圣马丁学院和英国政府认可了我的才华让我获得了奖学金。他们让我的梦想成真，我会永远感激他们。

**在校学习期间有令你记忆深刻的事吗？**

是的，我记得在我做各项课业项目时会因为需要接受评审而感到压力过大！我还记得上课时，站在我面前的导师们与我抱有同样的情感与共鸣的时刻，我的成长之路得益于他们的启发与影响。

里卡多·堤西的速写本内页，约1999年。

**有没有哪位导师对你的影响特别大？**

那一定是威利·沃尔特斯（Willie Walters），我人生中最重要的导师，她总是慷慨地把自己的大部分时间留给学生。她也曾是一名中央圣马丁学院的学生，所以没有人会比她更懂得在学院学习的这段经历与感受。与威利在一起是一种很平等的关系，她教我们的同时也在向我们学习。她的合作关系的道德准则成了我每日随行的行为标准。

**你在中央圣马丁学院学到的最重要的三件事是什么？**

独立，勇敢，敬业（和有干劲）。

**对那些有志向和正在学习时尚的学生有什么建议吗？**

要相信你自己的能力，去创造梦想，永不停歇和努力地工作！

里卡多·堤西的速写本内页，约1999年。

本页图和对页图：里卡多·堤西时尚学士学位毕业秀，1999年。

# 第五章：20世纪初

威利·沃尔特斯（Willie Walters）在“告别查令十字路”的派对，2011年。

2001年，服装史学家瑞贝卡·阿诺德（Rebecca Arnold）创立了时尚历史与理论（FHT）专业课程，在当时它是世界上唯一一个可以获得学士学位的时尚历史类学科。这个专业课程被归属在时尚系，对那些希望涉足时尚领域从事非实践性的工作，如学术类、策展人、档案保管员、史学家和作家的学生们，将这门课程视为进入该领域的跳板，得到广泛的重视（详见第176页）。每年，时尚历史与理论专业的学生都要与时尚设计专业的学生合作进行一系列的交叉课业项目，调查研究时尚与历史的关联，比如一年一度引人注目的“白色主题时装秀”（White Show）（详见第224页）。

2004年，伦敦学院更名为伦敦艺术大学（University of the Arts London）。两年之后，安妮·史密斯（Anne Smith，1980年获得学士学位）接替简·拉普里担任时尚与纺织设计系（时尚系）系主任。自1998年起，威利·沃尔特斯担任时尚学士学位课程主管，她凭借自己在专业行业内的制胜法则，不屈不挠的个性和极其敏锐的智慧确保了时尚系的稳定发展，并提高了该系在业内的知名度。目前时尚设计课程导师团队的主要成员包括埃斯梅·杨（Esme Young）、苏·福斯顿（Sue Foulston）、尼尔·史密斯（Neil Smith）、娜塔莉·吉布森（Natalie Gibson）、布莱恩·哈里斯（Brian Harr-is）、大卫·卡波（David Kappo）、莎拉·格雷斯蒂（Sarah Gresty）、帕特里克·李·姚（Patrick Lee Yow）、路易斯·洛伊佐（Louis Loizou）和克里斯·纽（Chris New）——这是一个在李·威多斯（Lee Widdows）加入后共同组成的“良性循环”的团队，李·威多斯自1989年起负责领导时尚传媒与推广课程，担任该课程主管。时尚系与品牌合作项目，比赛事宜，还有业内的合作关系都已经建立起来，并在持续发展中，如美妆品牌欧莱雅是该学院时尚学士学位和硕士学位毕业秀的长期合作赞助方，以及由三星、LVMH集团、斯特拉·麦卡特尼，还有亚历山大·麦昆创立的Sarabande艺术基金会资助的奖项与奖学金项目。

在新千年之初的10年里，声名鹊起的校友人数众多，其中时尚学士学位毕业生包括亨利克·维斯科夫（Henrik Vibskov，2001年毕业）、加勒斯·普（Gareth Pugh，2003年毕业）、夏梅迪恩·瑞德（Sharmadean Reid，2007年毕业）和亚历山大·弗瑞（Alexander Fury，2007年毕业）；时尚硕士学位毕业生包括阿西什·古普塔（Ashish Gupta，2000年毕业）、金·琼斯（Kim Jones，2002年毕业）、乔纳森·桑德斯（Jonathan Saunders，2002年毕业）、理查·尼考尔（Richard Nicoll，2002年）、克里斯托弗·凯恩（Christopher Kane，2006年毕业）和玛丽·卡特兰佐（Mary Katrantzou，2008年毕业）。此外，还包括西蒙娜·罗莎（Simone Rocha，硕士学位，2010年毕业）、菲比·英格里斯（Phoebe English，硕士学位，2011年毕业），玛塔·马可斯（Marta Marques）和保罗·阿尔米达（Paulo Almeida）都是在2011年获得时尚硕士学位，他们是最后一批在查令十字路校区毕业的学生，这一年是学院转折过渡的重要时期。

经过10年的规划和准备，学院计划在2011年的夏天搬迁至粮仓大楼（Granary Building）。获得官佐勋章的简·拉普里自2006年开始担任中央圣马丁学院院长，负责接管了这个重要的任务将时尚与纺织系（时尚系）搬迁至城市内的新校区，那里的环境同之前校区所处环境差不多，也是熙熙攘攘的，那是由维多利亚时期的一个旧仓库改建成的新校区，周围有铁路环绕，有大型储气罐，到了深夜会有很多下班晚归的人往返在校

Photograph: David Rhys Jones

CENTRAL SAINT MARTINS IS MOVING
TO KING'S CROSS IN SEPTEMBER

Katie Grand AND Love Magazine JOIN FASHION AT CENTRAL SAINT MARTINS,
TO SAY A FOND FAREWELL TO THE CHARING CROSS ROAD BUILDING

24th JUNE 2011 — 8pm til late

ENTRY STRICTLY BY INVITE ONLY
*Invite admits one only*

107 – 109 CHARING CROSS ROAD, LONDON WC2H 0DU
for queries regarding disabled access please contact fashion.party@csm.arts.ac.uk

区周边，还有喜欢泡吧和逛夜店的人群出入于学院周边的Bagley's Studios大型夜场内的一家名为Philip Sallon's Mud Club的夜店，或是其他夜店，如Canvas，The Cross和The Key等。国王十字街区即将迎来欧洲最大规模的改造工程，这将是一个巨大的（正在进行中的）转变，那里将成为伦敦市内最具活力的商业、艺术和文化中心之一。

2011年6月24日，凯蒂·格兰德（Katie Grand）和*Love*杂志主办了一场"告别查令十字路"的派对，学院校友贾维斯·卡克（Jarvis Cocker）和他的摇滚乐队Pulp在派对上演唱了他们的流行主打曲目《普通人》（*Common People*），这次派对成为学院历史上最大型（也是最热闹）的一次聚会。在经历了72年的变迁后，位于查令十字路107号的大门最终被关闭了，人们感到心情复杂，还是会想念那里满是油漆飞溅的水槽、破碎的玻璃和室内寒冷的温度，但这种怀旧的情绪会慢慢地被新的期盼所抵消，人们期盼着学院重新焕发活力，开启新的篇章。

p164-p165图：查令十字路校区的时尚硕士课程教学区域走廊，2010年。上图："告别查令十字路"派对邀请函。

THERE ARE NO STUPID QUESTIONS

PHOTOGRAPHY CHIDI ACHARA STYLING GARETH PUGH
HAIR TOMO AT UNTITLED MAKE-UP EMMA COLEMAN USING SHU UEMURA
CRAIG LAWRENCE 20, is a knitwear designer. Photographed in London, he's wearing a coat, hood, vest and trousers by Gareth Pugh. Gay pikeys fighting on 'Trisha' make Craig smile. Amen to that.
I-D VOL II/VII NO257 THE SIGNATURE ISSUE 89

本页图从左上起顺时针方向：时尚硕士学位学年主管路易斯·格雷（Louise Gray）备忘录；凯瑟琳·弗格森（Kathryn Ferguson）时尚学士学位毕业设计系列名为“Tingal Tangel”，2005年；“触动创意设计大赛”（Triumph Inspiration Project），2010年；克雷格·劳伦斯（Craig Lawrence），加勒斯·普为*i-D*杂志设计的造型，约2008年。

本页图从右上起顺时针方向：萨凡纳·米勒（Savannah Miller）手绘图，2004年时尚学士学位毕业；吉恩·皮埃尔·布拉甘扎（Jean Pierre Braganza）时尚学士学位毕业秀，2002年；尼尔·吉尔克斯（Neil Gilks）手绘图，2006年时尚硕士学位毕业；导师朱迪思·方德（Judith Found）参演毕业时装秀，20世纪90年代早期；弗兰克·莱德（Frank Leder）艺术作品，2001年时尚学士学位毕业；克雷格·劳伦斯（Craig Lawrence）时尚学士学位毕业秀，2008年。

本页图从左上起顺时针方向：安德鲁·戴维斯（Andrew Davis）的艺术作品，2000年时尚学士学位毕业；利维·帕尔默（Levi Palmer），2009年时尚学士学位毕业；在印染工作室的壁柜上方标准的“Steaming Only”字样，2011年；利维·帕尔默（Levi Palmer，2009年时尚学士学位毕业）和马修·哈丁（Matthew Harding，2010年时尚硕士学位毕业），约2008年；中央圣马丁艺术学院教职员工，约2007年；保拉·阿苏卡（Bora Aksu）的艺术作品，2002年时尚硕士学位毕业。

本页图从左上起顺时针方向：位于查令十字路校区的印染教室，2010年；艾米·麦克威廉姆森（Aimee McWilliams），2003年时尚学士学位毕业；弗兰克·莱德（Frank Leder）的艺术作品，2001年学士学位毕业；霍华德·坦吉（Howard Tangye）手绘理查·尼考尔（Richard Nicoll）半身像，约1997年；马丁·安德森（Martin Anderson），2001年时尚学士学位毕业。

# 威利·沃尔特斯（Willie Walters）（艺术与设计专业文凭 1971年）

课程主管
杰克·桑尼克斯（Jack Sunnucks）撰文

威利·沃尔特斯说："这是一家由纯粹的艺术学校演变过来的学院，所以学院对学生们如何穿衣和穿衣风格类型没有特殊的要求与规定。"她是中央圣马丁学院时尚学士学位课程的前任总负责人，她讲述了在1960年代，她还是学生的时候是如何申请进入这所学院的。"我想，在那里没有所谓的端庄稳重。我们很喜欢与平面设计专业的学生们一起交流，还有雕塑系的，我们组成了'A小组'，小组里所有的人都在做概念性的创作作品。那真的是一个让人感到兴奋快乐的地方。"

沃尔特斯一生都保持着乐观开朗的性格，无论是在学生时期，成为设计师后，还是从事教职生涯的25年时间里。在她毕业离开圣马丁学院之后，她开启了成功的职业生涯，设计管理着一个合作设计师品牌，这个的品牌有个很特别的名字，被称作"时髦模式"（Swanky Modes）。她笑着说："我的设计一直很前卫，所以我觉得我会很难被雇用做设计工作。我还有一个自己的'孩子'，那就是和其他女性一起，我们相互扶持，她们帮助我创建了一个自己的公司。"在她的品牌时髦模式快走到生命周期尽头的时候，温迪·达格沃西问沃尔特斯是否愿意来学院教授第一学年的课程，温迪·达格沃西是20世纪70至80年代很出名的设计师，之后转行进入圣马丁学院开始了教学工作。确切地说，除了时尚历史部分，很多学生像是菲比·费罗和里卡多·堤西的课业学习项目都是在她的监督下完成通过的。

她曾经是圣马丁学院的学生，同样脱离不了一些有关与学院的风评。她笑着说："我想，那时的日子很刺激，但也会稍微感到害怕，老实说，那时的圣马丁学院已经有了类似的风评，有关于Blitz和相关的一切。"她在回忆着当时那家最有代表性的夜店。"我当时想象的情景会是，学生们在下午2点才来到教室，穿得像修女并装扮得很严肃，下课后会脱下虚伪的装扮混迹于夜店吸食毒品。"但事实却超乎了她的想象。"当我到了学院之后，那里有最古怪的人们，但他们真的是太棒了。他们的才华和多样性让我大吃一惊。"

沃尔特斯最具魅力的地方，也是作为一名教师的独有的天赋：她非常热情，她的短发一直很奇妙地保持在完美的位置，令她在负责指导任教的过程中会更显活泼与亲切。"说实话，我从来没有想过要当老师。"她面带苦笑地说道。然而，达格沃西为她制订了一个不同的计划。"我想她大概是认为我比较富有同情心"，在这里与来自世界各地的年轻人打交道时会派上用场。"我愿意与人相处，分享我们的想法。因为在'时髦模式'的工作方式就是我们一直是一个紧密的团队，会一起讨论产品和研发。所以这就是为什么我喜欢用这样的方式和学生们在一起交流，特别是上升到一定水平的交流——[例如]1992年，与一名来自日本的学生讨论1976年代的朋克话题就很有趣。她喜欢研究苏格兰式样的短褶裙和束缚捆绑的风格，并将其转化为新的东西，我和她讨论了我记忆中有关于朋克的印象。"

沃尔特斯不会告诉任何人要去做什么，而是喜欢与学生分享构思，去引导学生自主去发现自己的真实想法。她谈到在办公室里曾多次与学生之间的交流时说："我从不会觉得自己了解的会比他们多，虽然他们很年轻，但是他们能想到一些我不了解的东西……尽管我花了几年时间才意识到有些人的构思并不巧妙。"她平静地补充道。

背景图：中央圣马丁学院内的时装工作室。

威利·沃尔特斯，2010年。

沃尔特斯为圣马丁学院做的伟大贡献之一就是指导制作的时尚学士学位毕业秀在校内和校外同样被人津津乐道。组织和制作毕业秀并非易事。已故的莱斯利·戈林（Lesley Goring）负责毕业秀的制作，沃尔特斯负责组织管理和评选秀上所要展示的服装，那些经由她严苛筛选出的“名为666套造型的毕业秀，分别被安排在中午12点，下午2点和4点进行展示！”沃尔特斯对她所负责过的所有毕业秀有着精准的记忆，如同相机存储器般准确地记得每一幅画面。“当然，我还记得加利亚诺的毕业秀，那真的是一场非凡的毕业秀……我喜欢时尚的原因是时尚总会带给你紧张刺激的新鲜感，甚至有时会带给你感官上的极度不适。特别是在学生的毕业秀上，你应该有一些这样的设计。”有一部分天才学生的毕业秀不会让观众感到无聊，即使只有三十位设计师的发布秀，但会让人感觉如同看到了几百套造型。“说到比较印象深刻的设计师，那当然是侯赛因·卡拉扬的秀（非常的引人注目），他是一位一心要确保自己的设计作品在T台上得到完美呈现的设计师。真的太美了！还有一些设计师会在展示中间呈现秀的最高潮部分，而不是在开始或结束的时候。我在毕业秀清单上看到，里卡多·堤西1999年的毕业秀就是将最精彩的设计作品安排在秀的进程中间展示的！”

几乎在沃尔特斯任职期间的每一年都会出现一位特别出众的设计师，还有众多未被提及过的毕业生们，他们正在世界各地的时尚领域工作。她在谈及最近一个比较成功的学生时说：“我真的为格蕾丝·威尔斯·邦纳（Grace Wales Bonner）感到高兴，因为她赢得了与品牌欧莱雅合作的‘欧莱雅专业设计大奖（L'Oréal Professionnel prize）’，当她赢得大奖时，我激动得蹦蹦跳跳，这一时刻是如此拨动心弦、温暖人心。她是一位出色的设计师，她已经毕业离开学院并继续着时尚创作事业而赢得了世界的关注。有趣的是，2014年的那场秀对我来说就像是噩梦。因为当时秀场外正下着倾盆大雨，维多利亚时期的屋顶会漏雨，雨水淹到了棚顶的照明灯，我站在那里看着渗出的雨水滴落在T台照明灯饰上和摄影师们的身上，我当时觉得：‘我的上帝，请让这场秀快点结束吧，否则这里会发生爆炸。’”

沃尔特斯坚持认为，在毕业秀上选择合适的展示模特对学院和学生来说是绝对重要的，“最惊人的力量和能量都将会展现在毕业秀上……你要展现的这种能量是在工作室中所酝酿积累起来的，它就像是一块非常牢固的魔毯任你驾驭，你可以舒服地躺在上面也可以任意骑着它。而那种力量是同大家共同努力得来的。”沃尔特斯会运用一种带有魔力的说话方式，会将一切原本平淡无奇的事物描述得很梦幻，她也希望时尚行业也会如同她描述的那般美好而不是过于单调。“我一直在思考的问题，而且很多人在我之前也提到过，就是好的公司不需要无聊的设计师，”她解释了对圣马丁学院教学的一些想法，“他们想要的是那些拥有非凡创造力的人，这些人是能提出建设性的想法，但同时这种想法会受到很多限制，要更符合商业化的要求，而首要问题是这些人要先具备能够不断提出创新设想的活力。我想符合这些条件的人就是圣马丁学院培养出来的学生。”

霍华德·坦吉手绘‘威利·沃尔特斯在巴黎’的人像速写，2004年。

沃尔特斯于2016年退休，在其四分之一世纪的教职生涯中，她培养了数千名学生。她在教职工作上如此出色的原因在于，尽管她具备丰富的教学经验和资深的地位，但她从来没有轻视过任何一名学生。她在评审学生作品时，有时会态度强硬，但这是出自她对学生的信任，认为他们可以做得更好。当她谈到自己在教学中所扮演的角色时表情严肃地说道：“当我开始教学工作之初，我觉得自己在扮演一个很重要的角色，当我成为一名访问导师后又开始担任女装设计课程教师一职，让我倍感惊讶与自豪。我倍感荣幸，我一直觉得我的工作是一种荣誉。”自然她在教学过程中势必会付出一些代价，会有很多由上至下的压力。“我必须要坚持战斗，周而复始地去捍卫那些非常珍贵而美丽的事物。当我在引导课程教学方向时，我要确保那些珍贵的东西应受到尊重。”她突然大声笑了起来，似乎是在自嘲。“我感到很自豪。我为我所做的很多事情感到自豪，真的。我就是那个核心力量，可以做到尽善尽美，这就是我的工作。我很高兴我能坚持教职工作这么久。在我完成了所有的工作时也是我该离开学院的时候了，因此我想，我需要将我的这种能力和充沛的精力传递给更多的年轻人。我以前总会觉得自己像是电影《宾虚》中正驾驭战车参加比赛的战士。我觉得自己像查尔登·海斯顿（Charlton Heston），但我会穿着舞会礼服，戴着王冠。”中央圣马丁学院是多么的幸运，有威利·沃尔特斯这样的冠军。

背景图：查令十字路校区的时装工作室，2010年。

# 时尚历史与理论

瑞贝卡·阿诺德(Rebecca Arnold)撰文

我在中央圣马丁学院工作了十年，在那里兼职，同时也在其他大学任教，包括皇家艺术学院，与此同时，我还攻读了博士学位。从1996年到2001年，我在文化研究部门工作，负责教授学士学位和硕士学位的课程，有时尚、纺织和珠宝设计系的学生，还有其他系的学生。对我来说，那是一段非常有趣的时光，是从事时尚研究很重要的一段时期，是个人意志力与自信心不断争强的时期，我与该部门的很多有趣的人一起工作，包括卡罗琳·埃文斯(Caroline Evans)、罗杰·赛宾(Roger Sabin)和迈克尔·纽顿(Michael Newton)。那里的学生都很棒，真的开放，也很投入，学生很喜欢讨论关于如何将他们的设计作品融入进更广泛的艺术和文化领域的新思路与设想。

发展与设立时尚历史与理论的学士学位课程是在我工作内容基础上的一种延伸，也是关注时尚文化研究的一个成果，另外这个研究领域也得到了普遍的发展。从零开始组建一个课程，真是一项令人开心的工作，尤其在当时圣马丁学院是第一家设立这门课程的学院。学院赋予我放手处理问题的权利，让我来决定课程的内容和教学模式，唯有一个要求就是该课程要与设计学生的课业内容相关，要囊括创造性和专业性的内容，因为这是一所非常具有艺术氛围的艺术学院，并非一所传统的学术大学。

时尚历史与理论专业的合作策展项目宣传册，2006年。

我的重点是要设定一个时尚历史观点作为坚实的课程基础，然后围绕这个基础展开课题和发掘出尽可能多的、相关联的知识点。除此之外，我还设计出不同主题的写作科目、策划课业和发布于网络上的内容。合作课业项目包括与一年级的时尚学生们一起撰写他们早期的设计经历，以及与平面设计系的学生一起制作网站上的相关课程内容。该课程的学生会有进入时尚行业工作一年的实习期，他们可以有多种多样的实习选项，如去巴黎时尚博物馆(Palais Galliera)的18世纪服饰部，或是去*Dazed & Confused*杂志社等。该学位的重中之重是一篇专题论文和一个小组合作的课业项目；例如，我们与英国国家海事博物馆(National Maritime Museum)合作，在那里的展馆创作一个名为“Intervention”的展出项目，吸引参观者前来观看以巡洋舰为主题的时装展。在执教这门课程的五年时间里，我很高兴看到该课程已经成为学院的重要选修课程之一，这个专业课程已经延伸到了更广泛的领域。攻读该课程的毕业生都已经先后取得了事业上的成功，包括从事时尚新闻工作的亚历山大·弗瑞(Alexander Fury)，独立策展人肖纳赫·马歇尔(Shonagh Marshall)，还有很多毕业生在从事时尚档案、公关、买手和教职工作。

背景图：时尚历史与理论专业的合作策展项目，在肯辛顿宫举办的公主线（Princess Line）时装展的邀请函，2007年。上图：时尚历史与理论专业的合作策展项目，在18 Stafford Terrace举办的“时尚新奇展”（Fashionably Curious）海报，2010年。下图：时尚历史与理论专业的学生们与摩纳哥卡罗琳公主在一起，图片出自意大利版*Vogue*杂志，2012年。

## “格雷森·佩里印染课业项目”

自2004年起，每届时尚学士学位印染专业课程的二年级学生都会与英国最受喜爱的艺术家兼伦敦艺术大学校长的格雷森·佩里（Grayson Perry）合作一个课业项目。在夏季学期末，每一名学生都要交出一件课业作品，该课业项目名为“为格雷森·佩里做华丽的设计”。在学期结束的前几周里，佩里会时常出现在时装教室里做指导。到了接近评审的最后时刻，在他试穿了所有为他量身定做的那些设计之后（经常会是一个充满欢笑的场合，佩里装扮成他的另一个自我模式，名字叫克莱尔），他会宣布三名获奖者，分别授予金，银和铜“克莱尔”奖杯。

格雷森·佩里亲手制作的金、银和铜“克莱尔”奖杯。

这个课业项目的产生是因为一次偶遇，这位艺术家在公交车上遇到了印染课程导师娜塔莉·吉布森，事实证明，该项目既能鼓舞人心同时又非常值得去尝试。佩里说：“关于我如何装扮设计自己的造型，学生给予了我很多的启发。他们让我完全摆脱了那些典型的陈腔滥调的习惯。”作为回报，他购买了许多学生为他设计的服装，他经常被拍到穿着这些服装，装扮成克莱尔的样子出席活动。2013年，安格斯·莱（Angus Lai）为佩里设计的服装上印有艾伦·米索斯（Alan Measles）的形象，艾伦·米索斯是一只陪伴在佩里身边的泰迪熊玩具，是佩里最重要的终身伙伴。

## “校长的礼袍设计比赛”

自2017年起，格雷森·佩里每年为伦敦艺术大学的学生举办一次比赛，要求学生为作为校长的他设计一件需要在年度毕业典礼上穿的礼袍。比赛对设计要求很严格，既要符合他的风格，还要保留一些传统高等学府礼袍的设计元素。首届获奖者基思·托维（Keith Tovey）是时装与针织设计学士学位课程的学生，这个设计是在佩里的女裁缝索尼亚·哈姆斯（Sonja Harms）和路易斯·洛伊佐（Louis Loizou）的帮助下完成的，后者是服装制版课程的教师，多年来一直在中央圣马丁学院任职。佩里会评判给出最终的结果。那是一件由十层真丝欧根纱制成的礼袍，与之搭配的皇冠是用彩色金属丝编织而成的，这套造型是“20世纪70年代的进步的主教长袍款式与同性、酷炫风格的完美结合。”

“格雷森·佩里印染课业项目”，2000年初。

## 托德·林恩（Todd Lynn）（硕士学位 2000年）

时装设计师

1999—2006年，跟随设计师罗兰·穆雷（Roland Mouret）任设计助理
2006年，推出个人品牌

**在中央圣马丁学院学习期间令你最印象深刻的是什么事？**

让我最印象深刻的是参加路易斯·威尔逊的入学面试。在第一学期开学的第一天，学生们围在一起的交谈内容总是会转向同一个话题：你觉得这次面试怎么样？中央圣马丁学院的入学面试充满了传奇色彩，有些是真实的，有些是夸大其词和记忆混淆的……而我的经历是，我记得那时坐在走廊里紧张地等候着，我是从加拿大乘夜航飞机在面试当天早上抵达伦敦的。我没有告诉任何人，也没有向当时工作的地方提交请假申请，我只是一心想着要赶快飞去那边参加学院的入学面试。一进房间，路易斯就开始追问我会经常看什么杂志、编辑是谁，我最崇拜的设计师都是谁，我的穿着风格和我对时尚的看法。当时我带了一件重达10公斤的冰岛小马皮大衣，是我为玛丽莲·曼森（Marilyn Manson）设计的（那时我正在负责设计制作他的巡回演唱会的服装），路易斯看到后让我试穿了那件大衣。那时的场景一直萦绕在我的脑海里。我就穿着那件为玛丽莲·曼森设计的毛皮大衣站在路易斯的办公室里看着她，然后她用她那出了名的锐利眼神看着我说："嗯，好了，你可以走了。"

从左上起顺时针方向：秀场后台候场的模特们，托德·林恩时尚硕士学位毕业秀2000年；宝丽来成像照片上的托德·林恩；时尚硕士学位毕业秀，2000年；秀场后台候场的模特们，2000年。

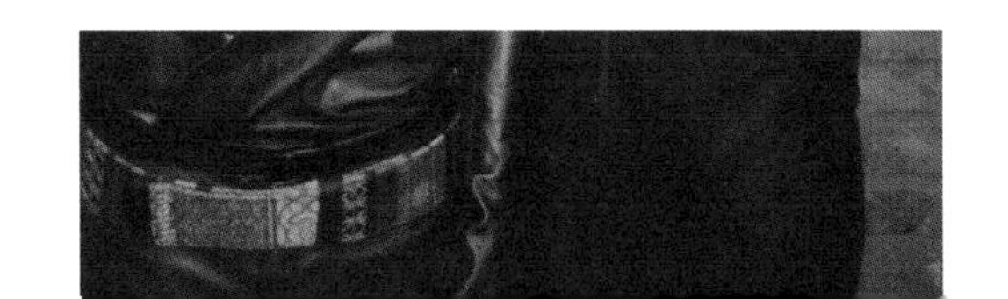

# 阿西什·古普塔(Ashish Gupta)(硕士学位 2000年)

时装设计师

2001年，推出个人品牌

**在你看来，为什么中央圣马丁学院的时尚系会有现在的成就？**

这里培养了新思想和独立思考的能力，我认为这是一所为数不多的真正致力于发掘学生个性才华和帮助学生提升时尚品位的大学。

**是什么原因让你选择了中央圣马丁学院？**

自然是因为学院的名气。这所学院里有世界上最好的时尚系。

**在校学习期间有令你记忆深刻的事吗？**

太多了！记得有一次，当路易斯·威尔逊在回应我的提问关于是否可以尝试用一些闪亮的面料时，她喊道："如果你喜欢用那种仙气十足的布料，那我们就去搞到那种布料！"

**在中央圣马丁学院学习时期，有没有某位导师或学生对你的影响特别大？**

路易斯·威尔逊对我的影响最大。

**你在中央圣马丁学院学到的最重要的三件事是什么？**

1.与人合作时要敞开心扉。

2.要做很难被复制的事。

3.要拥有梦想！

**你对那些有志向和正在学习时尚的学生有什么建议吗？**

每个人都会有他们各自的人生旅程，所以我建议学生们要做好自己。

阿西什·古普塔的硕士学位毕业设计插画，2000年。

阿西什·古普塔的硕士学位毕业秀，2000年。

## 金·琼斯（Kim Jones）（硕士学位 2002年）

时装设计师

2003年，推出个人品牌
2008—2010年，任品牌Dunhill创意总监
2011—2018年，任品牌Louis Vuitton男装创意总监
2018年至今，任品牌Dior Homme创意总监

金·琼斯时尚硕士学位毕业秀，2002年。

“我认为，路易斯·威尔逊真的是中央圣马丁学院的灵魂人物。她给予我超强的自信心。她允许我有足够的时间去创造表达自我立场的创作。她帮助我成长和扩展了我在编辑方面的技能，这是我最宝贵的财富。我想我们所有有幸结识她的人都想成为她的朋友，在之后的工作中，当我们面临挑战时都会问自己：“这种情况下路易斯会怎么做？”

金·琼斯

琼斯出生在伦敦，在成长过程中去过世界上的很多地方，如厄瓜多尔、博茨瓦纳、坦桑尼亚、埃塞俄比亚、肯尼亚和加勒比海地区。在回到伦敦以后，是英国的音乐和亚文化激发了他对艺术的向往。

1992年，琼斯在布莱顿技术大学（Brighton College of Technology，现在的布莱顿霍夫城市大学）攻读艺术预备课程，随后在坎伯韦尔艺术学院（Camberwell School of Art）获得了平面与摄影专业课程的学位。“但后来我意识到我真的很喜欢时装，我应该去学习时尚课程。”他在短短的两周内整理出一套时尚作品集，在没有任何服装设计经验的情况下，提交了中央圣马丁学院时尚硕士学位男装设计课程的入学申请。

时尚硕士学位课程负责人路易斯·威尔逊教授在回忆琼斯的入学面试时说道：“我们选择他是因为他有着不同寻常的、兼收并蓄的收藏技能。他会沉迷于记录袖子的样式和颜色，当然他现在还在做这样的事情。那时的他在众多申请者中确实很突出。他表现出了极大的决心。”

琼斯说：“是路易斯让我开始相信自己，并帮助我认清自己真正想要做的事。正是他眼中那些鲜为人知的、没有被关注的参考资料，令他在早期就很快从众多的男装设计师中脱颖而出。”他说：“我确实有点过目不忘的本领，我觉得我的参考资料多是基于文化而非时尚类的。”

琼斯于2002年在中央圣马丁学院毕业的时候，约翰·加利亚诺买下了他的部分毕业设计作品。从那时起，琼斯将他喜爱的休闲风格和对流行文化的热爱带进了高端时尚奢侈品的设计创作中，先后为品牌Dunhill、Louis Vuitton和Dior工作。

金·琼斯时尚硕士学位毕业秀，2002年。

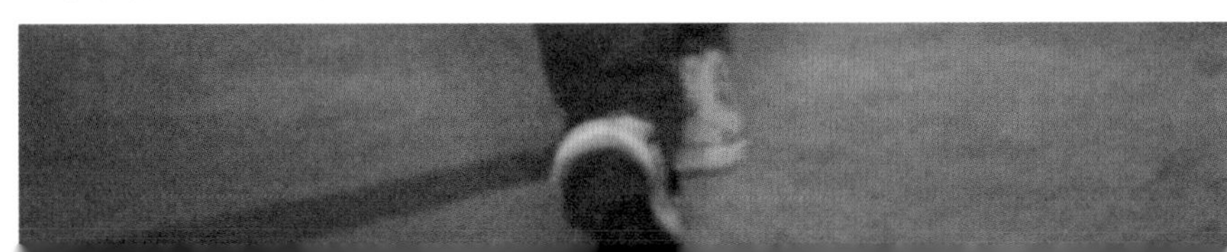

本页图和对页图：金·琼斯时尚硕士学位毕业秀影像定格图，2002年。

# 爱德华·米达姆（Edward Meadham）（学士学位 2002年）与本杰明·柯尔霍夫（Benjamin Kirchhoff）（学士学位 2002年）

## 时装设计师

2006年，合作推出品牌Meadham Kirchhoff（于2015年停止该品牌运营）
2016年，爱德华·米达姆推出个人品牌Blue Roses，由多弗街集市（Dover Street Market）独家发售

爱德华·米达姆和本杰明·柯尔霍夫在中央圣马丁学院相识，米达姆选修的是时尚学士学位女装设计课程，柯尔霍夫选择的是时尚学士学位的男装设计课程。他们于2002年毕业之后共同创办了一个男装品牌名为Meadham Kirchhoff。2005年，该品牌的设计系列被伦敦东区时尚组织（Fashion East）选中发布了首场男装秀，一年后，他们又推出该品牌的女装设计线。Meadham Kirchhoff不只是服装品牌，更是一个追求整体造型和善于叙事的品牌，这是他们在中央圣马丁学院学到的创作方式。

爱德华·米达姆时尚学士学位毕业秀，2002年。

爱德华·米达姆手绘设计图，约2002年。

# 理查·尼考尔（Richard Nicoll）

（学士学位 2000年，硕士学位 2002年）

## 时装设计师

2004—2005年，自由设计师，为品牌Louis Vuitton的创意总监马克·雅克布工作
2005年，推出个人品牌
2009—2011年，任品牌Cerruti创意总监
2015年，任品牌Jack Wills创意总监

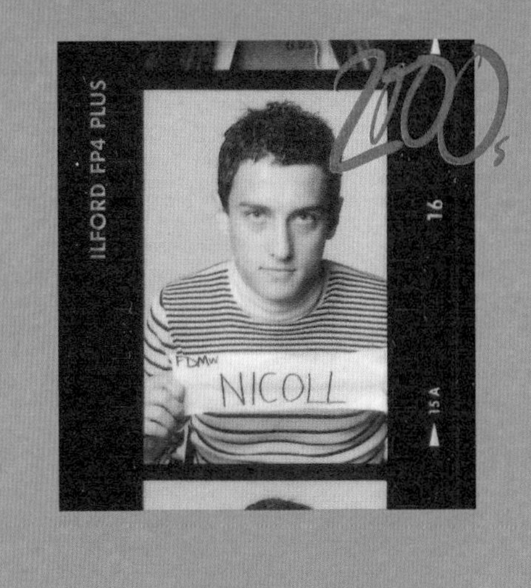


理查·尼考尔出生于伦敦，三岁时移居澳大利亚的珀斯。十七岁时回到伦敦，在中央圣马丁学院注册学习预科课程。之后他继续攻读男装设计学士学位课程（2000年毕业），随后又获得了女装设计硕士学位（2002年毕业），是路易斯·威尔逊教授的得意门生。品牌Dolce & Gabbana买下了尼考尔在毕业秀上展示的女装设计系列，他还赢得了三个法国ANDAM时尚大奖，被*Elle*杂志评选为年度最佳年轻设计师。

2004年，他在巴黎为品牌Louis Vuitton的创意总监马克·雅克布工作，并于2005年在伦敦东区时尚组织的资助下推出了个人品牌。2009年，他被任命为品牌Cerruti的创意总监。在为Cerruti设计了三个系列之后停止了与该品牌的合作，之后尼考尔为英国时尚品牌Jack Wills工作，担任该品牌创意总监。2015年，他关闭了自己的品牌回到了澳大利亚，在那里担任国际羊毛局的顾问，并担任品牌Adidas运动产品系列的创意总监。2006年，年仅39岁的理查·尼考尔因心脏病突发意外离世。

为了颂扬尼考尔的一生和对时尚界的贡献，他的朋友和家人们与Pantone公司合作，以他的名字创建了一个官方授权的色卡：尼考尔蓝（Nicoll Blue）。莎拉·莫弗（Sarah Mower）在英国版*Vogue*杂志上这样写道："理查是一位设计师，他的才华和性格影响了他周围的每一个人，他在伦敦发布的设计系列中，多次展示了他对蓝色系色调的偏爱。十年来，理查拥有将人们凝聚在一起的天赋，他对展现伦敦一代人的时尚精神风貌做出了不可估量的贡献。尼考尔蓝在时装周主会场的形象展示是为了纪念和赞颂这位伟大的伦敦朋友，并向他的家人表达我们的敬意和永远的感激之情。"

2016年的伦敦时装周期间，在中央圣马丁学院毕业秀上，大家为纪念尼考尔默哀一分钟。

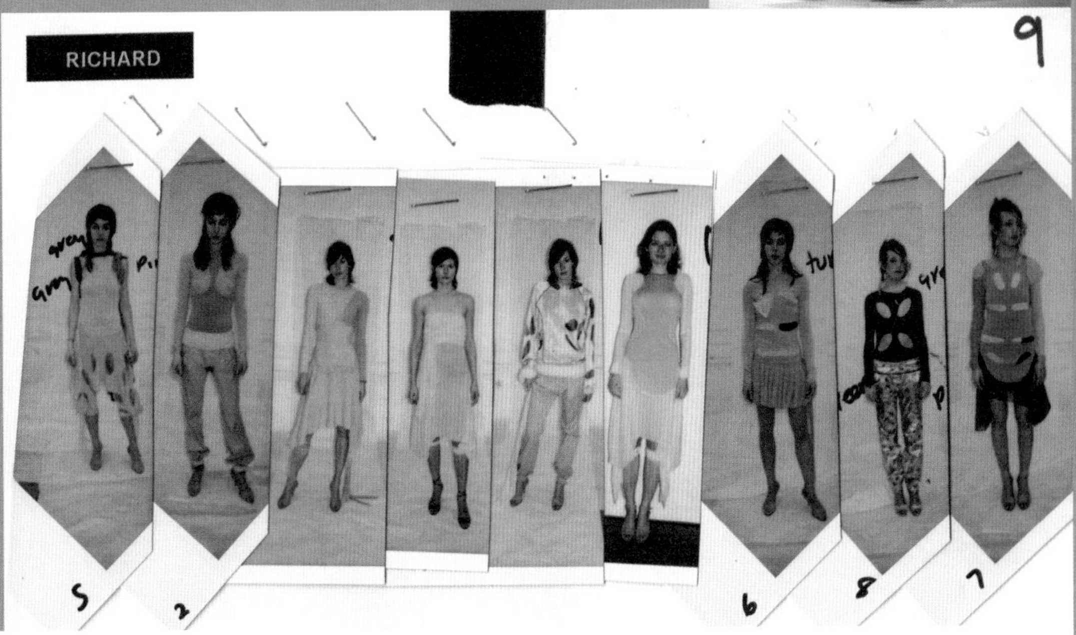


上图：理查·尼考尔，约2000年。中间图：理查·尼考尔的男装设计学士学位毕业秀，2000年。下图：理查·尼考尔的女装设计硕士学位毕业秀出场顺序安排，2002年。

# 乔纳森·桑德斯（Jonathan Saunders）（硕士学位 2002年）

时装设计师

2003年，推出个人品牌（2015年关停该品牌运营）
2016—2017年，任品牌Diane von Furstenberg首席创意官

**你认为圣马丁学院的时尚专业与其他院校的时尚专业有何不同？**

这是当然的，在我上学时，这所学院招募新生的方式是很有趣的，他们经常会在看似无足轻重的事情上来做出决定。比如，路易斯·威尔逊会在面试过程中向来参加面试的人提出关于音乐类型倾向性的问题来了解学生的音乐品味。还有被问到他们周末都喜欢做什么。入学面试不只是通过作品集来片面地了解申请者们，重要的是通过这些问题来深入地了解他们的个性和人格。其中还有一个重要的原因就是，因为你的个性很可能在之后的从业之路上被抹杀，而被抹杀是因为你要适应整个职业生涯中所要面对的商业化的现实状况！因此，从那一刻开始，你的个性就被掩藏在厚厚的皮肤之内，所以我再一次明确地认识到，这所学院的教学模式确实专注于发现和展现学生的个性，帮助他们在离开学校之后，为成为优秀的设计师做好准备，并可以一直在行业内保持清醒的自我认知。

乔纳森·桑德斯时尚硕士学位毕业秀，2002年。

乔纳森·桑德斯的毕业秀场后台，2002年。

**你在校学习期间有令你记忆深刻的事吗？**

有一件有趣的事，但不那么好笑，当人们深陷在他们的工作中时会变得心神不宁。我记得一天早上，我走在学院的走廊上，看到一名二年级学生抓着一年级学生的衣领将他拖到走廊上，因为那名一年级学生刚染出的颜色效果与原来的色版不符，二年级学生因此感到很生气。在被选中参加毕业秀的过程中，学生之间的竞争是非常激烈的，非常不可思议。通过这件小事可以看出学生们非常重视这次机会，那种强烈的愿望贯穿了整个学习时期，因为学生们向往着成功。

乔纳森·桑德斯时尚硕士学位毕业秀，2002年。

# 加勒斯·普（Gareth Pugh）（学士学位 2003年）

## 时装设计师

2000年，在英国桑德兰大学（Sunderland College）攻读艺术预科课程
2004年，毕业设计作品登上了*Dazed & Confused*杂志封面
2006年，推出个人品牌
2008年，获得法国ANDAM时尚大奖
2014年，获巴斯时尚博物馆评选的年度最佳礼服设计奖

**在你看来，为什么圣马丁学院的时尚系会有现在的成就？**

这里的课程吸引了大量的人才，而且竞争非常激烈：这将成为一种推动力，你会走得比你想象的更远。

**是什么让中央圣马丁学院的时尚专业有别于其他院校的同类专业？**

诚实地讲，我选择去圣马丁艺术学院是因为学院的地理位置。查令十字路的校区是一个地标性建筑。那里恰好就在最市中心的位置，周围有很多剧院、同性恋酒吧和性用品商店，给人的感觉是周边环境不是很安全。但除了地理位置优势，学院导师的开创性教学才能绝对是首屈一指的。

**对那些有志向和正在学习时尚的学生有什么建议吗？**

1. 不要害怕做自己，虚伪地假装成别人会令你发疯的。
2. 不要为了取悦别人而做事，那是行不通的。
3. 要加倍努力工作。

左下图：加勒斯·普时尚学士学位毕业设计作品，2003年。右下图：艾米·麦克威廉姆斯拍摄的加勒斯·普，约2003年。对页图：加勒斯·普时尚学士学位毕业秀，2003年。

2000s

本页图：加勒斯·普的速写本内页，约2003年。对页图：加勒斯·普时尚学士学位毕业设计作品，2003年。

OS CIRCUS

克里斯托弗·凯恩时尚硕士学位毕业秀，受路易斯·威尔逊的委托，由克莱尔·罗伯逊（Claire Robertson）拍摄的秀场后台照片，2006年。

## 克里斯托弗·凯恩（Christopher Kane）（硕士学位 2006年）

时装设计师

2006年，推出个人同名品牌
2013年，获得英国时尚大奖的年度最佳设计师奖

亚历山大·弗瑞（Alexander Fury）撰文

尽管克里斯托弗·凯恩在2000年满18岁时离开了自己的家乡，之后进入中央圣马丁学院学习，但他的格拉斯哥口音依然很浓重。他在距离格拉斯哥市中心16英里的北拉纳克郡（North Lanarkshire）的纽瓦希尔（Newarthill）长大，家中有五个兄弟姐妹。他的父亲是一名制图员，母亲是一名家庭主妇，他的姐姐塔米是一位时尚狂热爱好者，她喜欢穿Versace和Helen Storey的时装，影响了凯恩，使其对时尚行业萌生了热情。凯恩热衷于追捧电视上播放的时装秀和积攒模糊不清的时装剪报，在那个互联网还没有盛行的年代，时尚对他来说是那样遥不可及，但他却深陷其中。他很坦白地说："那时我不是很清楚时装设计师的职业概念。但我觉得自己天生就应该是时装设计师，除了这份职业我不想做别的。"

凯恩比我大五个月：我在英格兰北部的乡村长大，就在曼彻斯特市郊，同样幸运的是，我可以通过收看卫星电视，翻看报纸和杂志获取大量时尚信息和图片。凯恩看到了我分享给他的一篇报道，内容是关于20世纪90年代中期，李·亚历山大·麦昆和约翰·加利亚诺这些新崛起的设计师们将中央圣马丁学院推向了那些对时装设计有模糊兴趣的人们的意识最前沿。凯恩说："你看到的每一篇有关侯赛因、加利亚诺和麦昆的新闻报道中几乎都会出现中央圣马丁学院的名字。"在当时，中央圣马丁学院的高名气几乎是每个人都知道的，该学院因其最具实践性、趣味性的教学方式和培养出众多突破创新的优秀设计师而闻名，推动了时尚产业的迅猛发展。如果你想学习时尚，无论你在哪里，中央圣马丁学院都是你最想去的地方。凯恩说："这是实现理想的关键性决定，实现或是破碎。我想要去那里学习。"他先是选修了中央圣马丁学院设立在Back Hill校区的预科课程；6年后他获得了中央圣马丁学院时尚硕士学位，他在毕业发布秀上展示了17件极具吸引力的超紧身弹力蕾丝连身裙，蕾丝裙上装饰有掐褶蕾丝边和绑带，还有会发出撞击声的黄铜环，这个系列令他成功登上了国际

时尚舞台。凯恩的作品表现出的设计美感就像是一位成功的设计师作品那样简洁、猛烈和犀利，他的设计作品值得称赞，但出自一位23岁学生之手，是令人叹为观止的。他的设计才华掀起了伦敦时尚影响力的新浪潮，凯恩成为新一代毕业于中央圣马丁学院而备受瞩目的设计师。

凯恩最初接受了为期九个月的艺术预科课程的学习。在那时，时尚对他还是一个遥远的梦想：尽管中央圣马丁学院的声誉震慑了许多具有潜能的申请者，但凯恩的作品集主题是围绕日本黑帮文化和艺术家荒木经惟（Nobuyoshi Araki）的艺术创作展开的，但毫无疑问是以时尚为中心的作品集，这也是凯恩在下个设计系列创作中探索的主题。他成功地申请到了攻读时尚学士学位课程的名额，在学习期间，先后在Russell Sage和贾尔斯·迪肯设计工作室做实习工作。他的学士学位毕业设计灵感源自鸽子（“我喜欢鸽子，每个人都很喜欢‘那些该死的鸽子’不是吗？”）他在令人生畏的官佐勋章获得者路易斯·威尔逊教授的指引下直接升入时尚硕士学位课程的学习。凯恩说：“她就像是希区柯克那样的人，她很像阿尔弗雷德·希区柯克，没有人能达到她那种程度，因为她是那样的才华横溢。她是我见过的最善良、最慷慨、最有幽默感的人，但她却有一个很强硬的外表。”

“路易斯确实会将你的想法击碎，”凯恩继续说道，“她打碎了我所有的想法，但她又会将这些想法重新组合在一起，这让我感觉很棒，因为那时我做出来的设计与其他学生的设计有很大的不同，所以我对自己的作品很没有信心。我会选择那些我能负担得起的材料。不是那种华贵的面料；而是会选用一些被用来做女生内裤的那种面料。当一个严厉的人说‘这他妈的太棒了’，你简直不敢相信自己的耳朵。”凯恩欣然承认他在中央圣马丁学院学习时期是导师最宠爱的学生，并在威尔逊的指导下茁壮成长。他们一直保持着亲密的友谊直到她在2014年突然离世。凯恩回忆说：“直到她离世的那一刻，我都想要留给她最深刻的印象。路易斯总是给学生们最现实的提醒，她的语言表达很直接，但忠言逆耳，她会告知你时尚行业中的真实情况。这个行业的现实状况就是总有人比你更瘦、更漂亮、更有才华、更灵活，身材更好。”

凯恩在中央圣马丁学院学习时期，校区位于市中心边上的查令十字路，周边紧邻一些同性恋酒吧和按摩院。凯恩回忆时说：“学院的周围总是杂乱不堪，弥漫着令人不安的空气，那时围绕在学校附近的伦敦街道上的氛围真的是太美妙了。”或许有点牵强的猜测，学院附近的脱衣舞俱乐部和街头的妓女（那时也是准许经营的）是凯恩在硕士毕业秀上展示的那些独特紧身迷你连身裙的灵感来源，这些连身裙的大部分用料都是从伦敦东区的达尔斯顿（Dalston）市场上找到的旧蕾丝内裤拼接缝制成的。他和姐姐塔米一起就住在那个市场附近，从那时开始，塔米成为他的重要合伙人。凯恩在中央圣马丁学院学习时期就完全地显现出他作为一名设计师的特质。他的品味不好也不坏；他有着那种异于常人的品味，会喜欢女蕾丝内裤面料，奇怪的颜色，还有那种如Croc般的丑鞋。他的兴趣就是将平凡的事物变得不同寻常。他对创新与尝试抱有强烈的热情。凯恩说：“我时刻会想起路易斯，在我开始做新的设计系列时总在想她会喜欢这个设计吗？或是她不喜欢？她很在乎。她真的会很关注这些。”也是她教会凯恩要认真审视自己的设计。

对页背景图和左上图：克里斯托弗·凯恩学士学位课程速写本内页，约2004年。对页下图和本页图：克里斯托弗·凯恩时尚硕士学位毕业秀，2006年。

克里斯托弗·珊农，约2008年

# 克里斯托弗·珊农（Christopher Shannon）（学士学位 2001年，硕士学位 2008年）

时装设计师

2001年，推出个人品牌

2004年，获得最佳新人奖

2014年，获得英国时尚大奖新晋男装设计师奖和LVMH青年设计师大奖赛的提名

**你在中央圣马丁学院学到的最重要的三件事是什么？**

1. 要坚持自己的观点。
2. 做自己开心的事。
3. 当你有足够的钱，或是有很多朋友的时候，又或是可以找到有闲置空床的家庭，你再搬到伦敦住。

**对那些有志向和正在学习时尚的学生有什么建议吗？**

我觉得在努力工作的同时还需要敞开心扉应对不同的状况。对我来说，来艺术学院学习的真正目的是认识更多的人，还要知道我能做出什么样的成绩。如果现在的我还有选择的机会，我不确定我是否还会选择学习时尚。不过，我深信这里的教育是非常出色的，这是一所超棒的、能够驾驭和发挥创造力的学院。我希望看到更多的学生敢于去冒险，去尝试，而不是没完没了地查阅资料。相比时尚，我更喜欢真实的想法和个性魅力。不要总想着走寻常路。同样，不要仅仅因为你喜欢买衣服或需要更多关注而选择在艺术学院学习时尚。我现在不太相信时尚，但真正的创造力和机敏的才智总是很令我着迷。

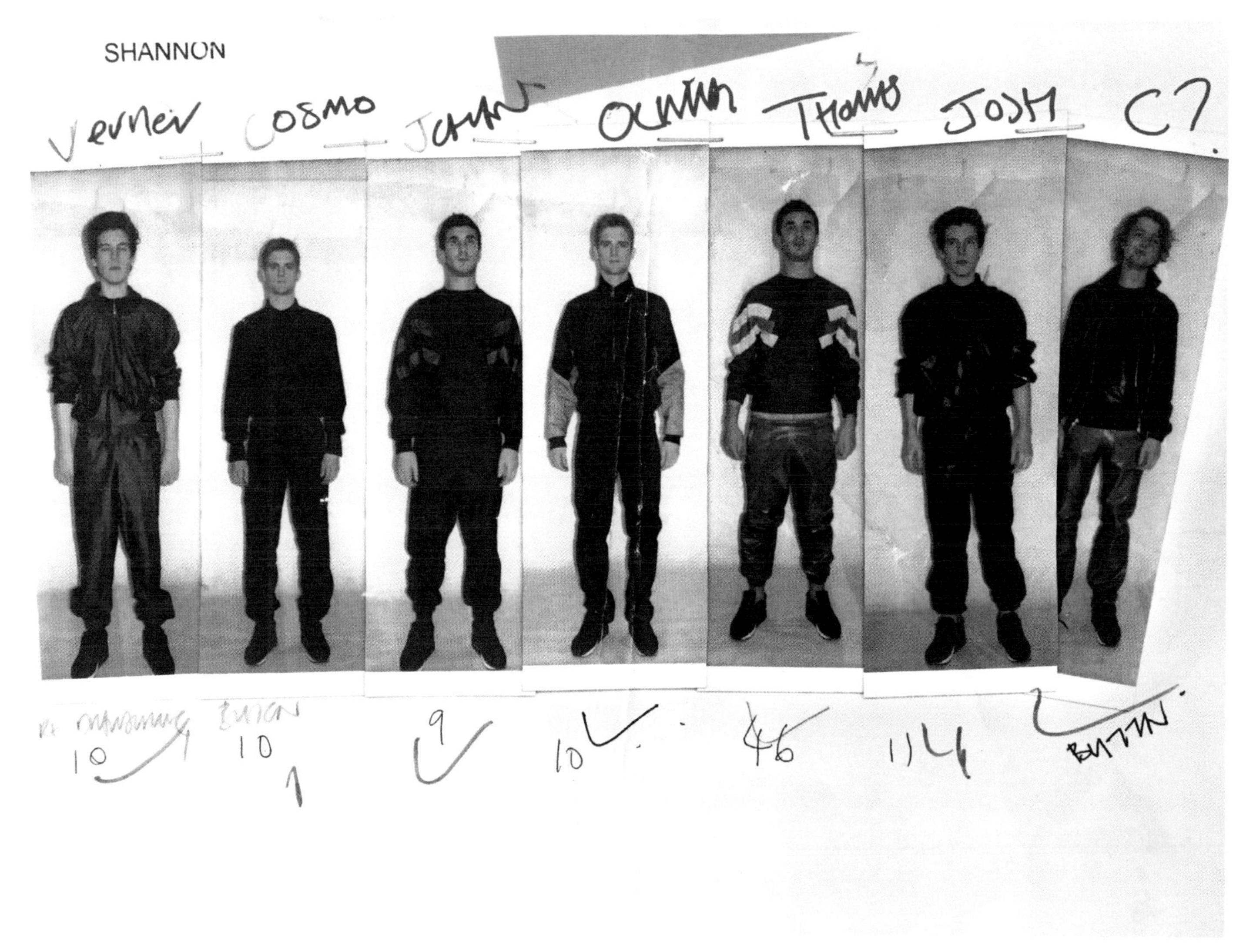


克里斯托弗·珊农时尚硕士学位毕业秀的出场顺序安排，2008年。

# 大卫·科马（David Koma）（学士学位 2007年，硕士学位 2009年）

时装设计师

2009年，推出个人品牌
2009年，获得国际时尚展会机构Fashion Scout颁发的优胜奖（Merit Award）
2013—2017年，任品牌Mugler创意总监

**在你看来，为什么中央圣马丁学院的时尚系会有现在的成就？**

中央圣马丁学院是一所不可思议的学院，有着迷人的魔力与历史，还有其独具特色的教学体系。学院内的那些非常具有才华的人们创造了一个令人赞叹的创意环境，他们夜以继日地学习和工作着，为创作出新的作品而努力着。

**对那些有志向和正在学习时尚的学生有什么建议吗？**

如果你为时尚而生就去认真学习时尚。

背景图：大卫·科马，时尚学士学位，2007年。本页图从左上起顺时针方向：大卫·科马硕士学位毕业设计手绘效果图，2009年；大卫·科马学士学位毕业设计手绘效果图，2007年；大卫·科马硕士学位毕业设计作品，2009年；大卫·科马学士学位毕业秀，2007年。

# 玛丽·卡特兰佐（Mary Katrantzou）（学士学位 2005年，硕士学位 2008年）

时装设计师

2003年，在美国罗德岛设计学院（Rhode Island School of Design）学习
2008年，中央圣马丁艺术学院时尚硕士学位毕业设计系列获得哈罗德和欧莱雅专业设计大奖提名
2008年，推出个人同名品牌
2009—2011年，获得英国时装协会的新生代资助奖金（NEWGEN sponsorship）
2010年，获得瑞士纺织协会颁发的瑞士纺织大奖（Swiss Textiles Award）
2011年，获得英国时尚大奖的年度新晋女装设计师奖
2012年，获得*Elle*风尚大奖的年度最佳新人奖
2015年，获得英国时尚大奖的年度新晋最具成就设计师奖

**在圣马丁学院学习时期，哪位导师对你的影响特别大？**

路易斯·威尔逊是一位非常具有感召力的人物，即使在我毕业以后她也是我最信赖的良师益友。她推动着我们去尝试挑战创作的极限，并会给出尖锐严苛的评审。你想要得到她的认可，这一过程将会成为大多数学生们的成长指南。

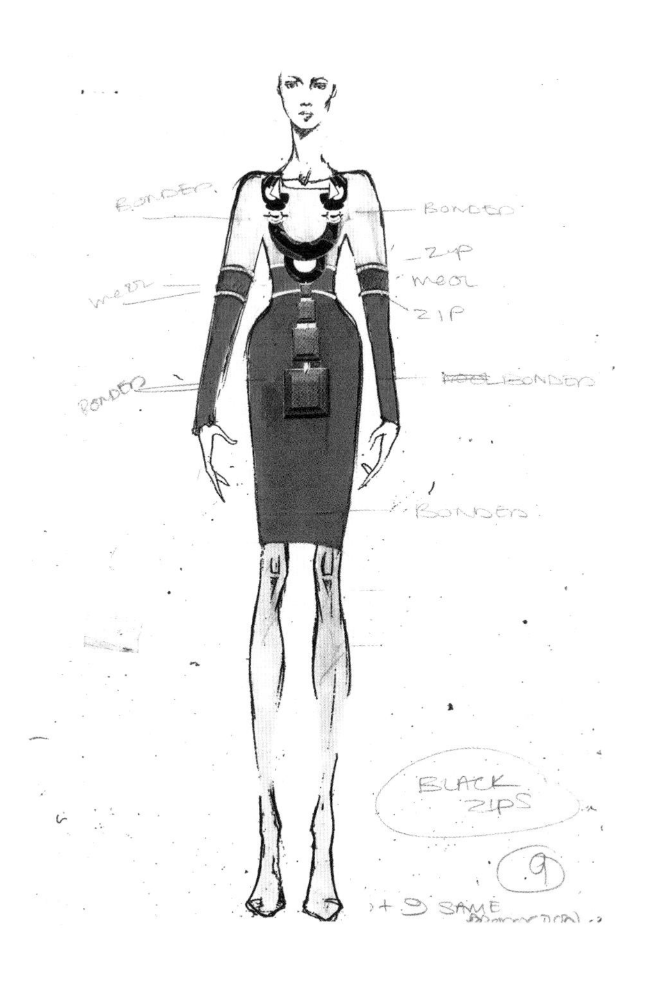


左上图：玛丽·卡特兰佐时尚硕士学位毕业设计手绘效果图，2008年。右上、右下图和对页左下图：玛丽·卡特兰佐时尚硕士学位毕业秀，2008年。
对页背景图：玛丽·卡特兰佐时尚硕士学位毕业设计的面料，2008年。

2000s

# 西蒙娜·罗莎（Simone Rocha）（硕士学位 2010年）

时装设计师

2010年，推出个人同名品牌
2013年，获得英国时尚大奖的新晋成衣设计师奖
2014年，获得英国时尚大奖的新晋最具成就设计师奖
2016年，获得英国时尚大奖的英国年度最佳女装设计师奖和*Harper's Bazaar*杂志评选的年度最佳设计师奖

**你在中央圣马丁艺术学院学到的最重要的三件事是什么？**

1. 要全身心地认同自己。
2. 不要过于敏感。
3. 学会了编辑一个系列和改进一个想法。

**对那些有志向和正在学习时尚的学生有什么建议吗？**

努力工作，谦卑，听长辈的话，要强迫自己脱离舒适区。

本页图和对页图：西蒙娜·罗莎时尚硕士学位毕业设计作品，2010年。

背景图：菲比·英格里斯时尚硕士学位毕业设计作品，2011年。下图：菲比·英格里斯时尚硕士学位毕业秀影像定格图，2011年。

# 菲比·英格里斯（Phoebe English）（学士学位 2009年，硕士学位 2011年）

时装设计师

2011年，推出个人同名品牌

**是什么令中央圣马丁艺术学院的时尚专业有别于其他院校的同类专业？**

没有规则。没有界限，没有武断的评判。在这个地方，设计师能够受到很多鼓舞并积极地发挥他们的创造力，就像歌剧的演唱者可以充分拉长他们的声带，或像运动员善于运用他们的肌肉力量一样。你可以很顺利地一直走下去。

**对那些有志向和正在学习时尚的学生有什么建议吗？**

尝试、失败、尝试、失败、尝试、失败、失败、失败、再试、再试、再试、再试、再试、再试、再试……

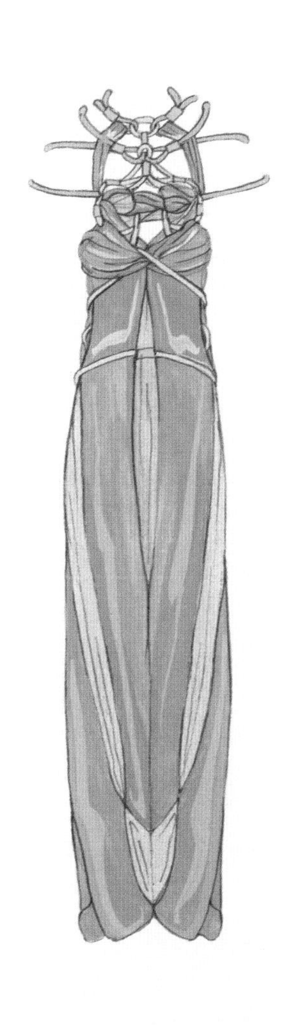

左上图：菲比·英格里斯时尚学士学位毕业设计手绘效果图，2009年。右上图：菲比·英格里斯时尚学士学位毕业秀，2009年。

# 玛塔·马可斯（Marta Marques）（硕士学位 2011年）与保罗·阿尔米达（Paulo Almeida）（硕士学位 2011年）

时装设计师

2011年，推出二人合作品牌Marques' Almeida
2014年，获得英国时尚大奖的新晋女装设计师奖
2015年，获得LVMH青年设计师大奖

**你在中央圣马丁学院学到的最重要的三件事是什么？**

1. 去做不真实的事情是没有意义的。
2. 做事仅限于表面而不够深入是毫无意义的。
3. 说出你最想要说的话。如果这些话都是你最真实的表达，对于你来说是非常有价值的。

**对那些有志向和正在学习时尚的学生有什么建议吗？**

做事要努力认真，要透过事物的表面认清本质，找到能驱使自己的动力；不要漫无目的地乱忙，不要做事仅限于表面。如果做事情会面临严酷的考验那也是件好事。不要总是自我感觉良好。要非常、非常、非常努力地工作。

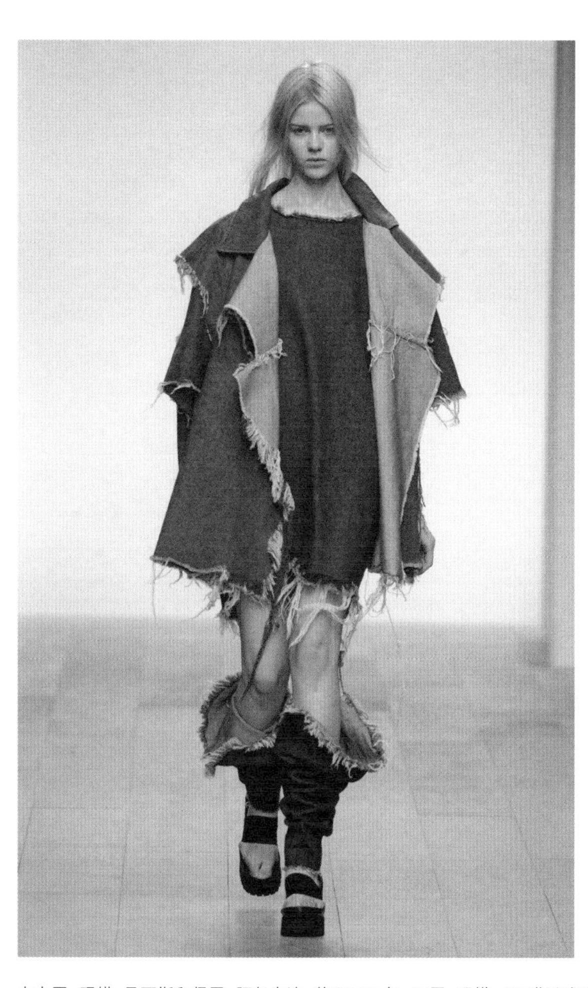

左上图：玛塔·马可斯和保罗·阿尔米达，约2011年。下图：玛塔·马可斯和保罗·阿尔米达的时尚硕士学位毕业秀，2011年。

玛塔·马可斯和保罗·阿尔米达的时尚硕士学位毕业设计作品，2011年。

“告别查令十字路”派对，其中包括凯蒂·格兰德（中间），还有在舞台上英国摇滚乐队Pulp的主唱贾维斯·卡克（左下）。

“告别查令十字路”派对，其中包括头上包着头巾的奥列格·米特罗法诺夫（Oleg Mitrofanov）、朱迪斯·瓦特、安德鲁·格罗夫斯和林恩·R.韦伯，斯蒂芬·琼斯戴着礼帽身穿燕尾服；还有威利·沃尔特斯与DJ。

10s

# 第六章：20世纪10年代

2012年，时尚系的时尚课程经过重新调整分为两大类别学士学位课程：时尚学士学位课程和时尚传媒学士学位课程。时尚学士学位课程选修科目有女装设计、男装设计、时装设计与营销、时装针织设计和时装印花设计。时尚传媒学士学位课程选修科目有时尚历史与理论、时尚传媒与推广和时尚新闻。还有大卫·卡波于2006年创建的一年制时尚硕士预科课程。

自2014年路易斯·威尔逊去世之后，与她长期在一起工作的同事法比奥·派拉斯接任其职位，一直负责主管时尚硕士学位课程。新设立的时尚传媒硕士学位课程选修科目包括时尚新闻、时尚形象（Fashion Image）和时尚评论研究（FCS），由罗杰·特雷德（Roger Tredre）任课程主管。自威利·沃尔特斯于2016年退休以后，由海威尔·戴维斯（Hywel Davies，1998年获得学士学位）一直负责担任时尚课程项目总负责人。

时尚系与外部合作伙伴的合作项目继续蓬勃向上地发展着，从为谷歌艺术与文化平台设计并提供内容制作，到与德国凉鞋品牌勃肯（Birkenstock）合作，研究该品牌的历史并合作推出一系列凉鞋款式设计，再到与维多利亚和阿尔伯特博物馆合作，在其画廊中举办“时尚的运转”（Fashion in Motion）时装秀，展出以巴黎世家风格为灵感设计的时装（详见本书第252页）。

时尚系学生们的毕业设计系列发布秀一直都是时尚课程的重中之重。人们翘首以盼的最后学年时装秀一直都是非常激动人心的重要活动，也是每个夏季学期的亮点。多年来，每一季毕业秀都是在位于查令十字路地下一层的雕塑工作室内举行的。这里最初是一个剧院，在室内的一端有一个舞台。随着时间的推移，在这个空间内曾举办过许多不同的表演，包括一年一度的员工默剧。由于学院内学生人数的不断增长和毕业秀在业内的声名鹊起，毕业秀的举办地被迁至贝思纳尔格林的约克大厅（York Hall）。在20世纪20年代末，该大厅是伦敦市内被指定建造的第一个拳击场兼体育馆，这里也最适合作圣马丁“街头斗士”称谓的发布会举办场地，时尚系的学生们在这里展示他们的毕业设计系列，直到后来学院搬迁至国王十字校区。自2012年以来，粮仓建筑内外的多处地点都曾被用于举办毕业秀，包括2018年举办的，第一次在时装工作室里，以缝纫机、锁边机和裁剪台为背景的毕业秀，那里曾是学生们为毕业秀辛苦了好几个月赶制服装的地方。

在维多利亚和阿尔伯特博物馆举办的巴伦西亚加合作项目‘时尚的运转Fashion in Motion’时装展示活动，2017年。

每年，时尚系都会涌现出新的人才，包括令人着迷和引起热议的克瑞格·格瑞恩（Craig Green，2012年时尚学士学位毕业）、莫莉·戈达德（Molly Goddard，2012年时尚学士学位毕业）、格蕾丝·威尔斯·邦纳（Grace Wales Bonner，2014年时尚学士学位毕业）、查理斯·杰弗瑞（Charles Jeffrey，2015年时尚硕士学位毕业）、迈克尔·哈尔伯恩（Michael Halpern，2015年时尚硕士学位毕业）、马蒂·波文（Matty Bovan，2015年时尚硕士学位毕业），以及品牌Rottingdean Bazaar的创立者詹姆斯·忒修斯·巴克（James Theseus Buck，2015年时尚

硕士学位毕业）和卢克·布鲁克斯（Luke Brooks，2012年时尚硕士学位毕业）等。还有众多时尚系的知名校友们都在时尚业内位居最高层担任创意总监，包括Céline的菲比·费罗，Burberry的里卡多·堤西，先后执掌Chloé和Givenchy的克莱尔·维特·凯勒（Claire Waight Keller），Alexander McQueen的莎拉·伯顿，先后执掌Dior和Maison Margiela的约翰·加利亚诺和Dior Homme的金·琼斯。

几十年来，全球化的紧密联系极大地促进了学院内学生群体的多样性，国际学生、国内学生和欧盟学生的比例在急剧上升。早在1954年，学院内举办的一个国际学生设计展就曾在全国媒体范围内引起了轰动。1964年的一篇报纸文章曾指出，该学院时尚专业课程的一个班级的学生来自26个国家。伴随着时尚全球化的进程，越来越多的国际校友们选择返回各自国家去工作：通过这种方式，中央圣马丁学院的时尚课程不断地在全球时尚行业发挥着重要影响力，并不断向全世界传播着其课程的核心教育理念——以无畏、无拘无束的创造力、好奇心和自由去质疑与面对这个世界。

p210-p211图：中央圣马丁学院，1号粮仓大楼，国王十字街区。上图：保丽娜·鲁索（Paolina Russo）时尚学士学位毕业秀，2018年。

本页图从左上起顺时针方向：时尚工作室的招贴画，2010年；未知设计师设计作品；时尚硕士学位毕业生阵容，2015年；埃德温·马奥尼（Edwin Mahoney）时尚硕士学位毕业设计作品，2018年；富永渡（Wataru Tominaga）时尚学士学位毕业设计作品，2015年；海伦·普莱斯（Helen Price）时尚硕士学位毕业设计作品，2013年；张卉山（Huishan Zhang）时尚学士学位毕业设计作品，2010年。

本页图从左上起顺时针方向：爱德华·马勒（Edward Marler）时尚学士学位毕业设计作品，2013年；川西龙海（Ryohei Kawanishi）时尚学士学位毕业秀上拍摄的两张照片，2011年；凯蒂·琼斯（Katie Jones）时尚学士学位毕业设计插画创作，2011年；莎迪·威廉（Sadie William）时尚硕士学位毕业设计作品，2013年。

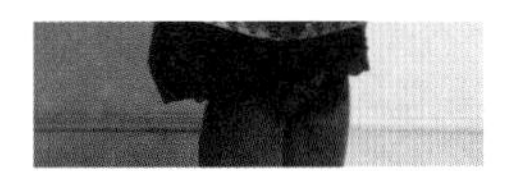

背景图：爱德华·马勒制作的拼贴画，时尚学士学位毕业，2013年。上图：瑞吉娜·帕尤（Regina Pyo）时尚硕士学位毕业设计作品，2011年。

本页图从左上起顺时针方向：克里斯汀－李·穆尔曼（Kristin-Lee Moolman）拍摄的时装片，由易卜拉欣·卡马拉（Ibrahim Kamara）负责造型的时尚学士学位毕业设计作品，2016年；凯蒂·琼斯（Katie Jones），2013年时尚硕士学位毕业；克里斯汀·李·穆尔曼拍摄的时装片，由易卜拉欣·卡马拉负责造型的时尚学士学位毕业设计作品，2016年；亚历山德拉·戈蒂延科（Alexandra Gordienko），2013年时尚学士学位毕业。

# “从伦敦的商业区到国王十字街区：‘处在事物中心’”

阿利斯泰尔·奥尼尔（Alistair O'Neill）撰文

1939年5月3日，伦敦郡议会领袖赫伯特·莫里森（Herbert Morrison）在查令十字路107-109号新建成的教学楼开幕仪式上发表讲话，该教学楼是专为圣马丁艺术学院和分销业技术学院设计修建的，赫伯特·莫里特在讲话中传达出自己对学院发展的愿望："现在这所学院完全由郡议会接手管理并确保其持续性的发展，学院内的设施都已经得到妥善的安置，我们希望学生们能够充分利用这里所提供的学习机会和教学资源。"新建成的教学楼不仅提供了很多新的教学机会，也为当地提供了一个全新的可以接受到"更全面"高等教育的地方。

到了20世纪30年代，位于教学楼前面的那条路因为有很多的书店和古董店而闻名，而教学楼后面的那条路则位于伦敦市中心的一侧，因其两侧有很多外来风味餐馆、酒馆、娱乐酒吧和私人俱乐部，也变得很出名。莫里森的讲话内容没有涉及这一地区当时的样貌，他将查令十字路描述为"伦敦市中心的一条主要干道，距离伦敦最中心——有时被称为'宇宙中心'的地方，步行仅有几码远"。在当时，伦敦人将这个地方称作"剑桥广场"（Cambridge Circus）。但他谈到了学生们可以很轻松地沿着宽阔的大路往返于学校，还可以利用伦敦正蓬勃发展的公共交通网络。我们从沃尔夫冈·苏什奇茨基（Wolfgang Suschitzky）在20世纪30年代拍摄的查令十字路调查照片中证实了这一点，照片里，那栋新建筑就在工人们正在挖掘的道路后侧（你还可以看到照片里有一辆公交车恰好停在教学楼外，直到今天那个公交站仍在运营中）。

诗人斯蒂芬·史宾德（Stephen Spender）曾写下被苏什奇茨基拍摄的照片所激起的回忆诗句，他回忆起20世纪30年代贯穿伦敦西区中心的查令十字路时是这样描述的，"就像是一片笼罩着黄色雾气的承载着高雅文化和低俗性爱关系的肥沃沼泽"。这条路上有很多商店，可以很容易找到法国文学作品[史宾德提及过的法国作家谷克多（Cocteau）]，还有法国文字包装的商品（避孕套）。在这条路上设立学院教学楼的初衷是要锻炼学生的专注力，让他们在这样一个闹中取静的学院内勤奋并专心在自己的学业上。一张被保存下来的照片记录了新教学楼的外部建筑细节，入口两侧雕刻的装饰性浮雕是阿道夫·雷诺兹（Adolphine Reynolds）的作品，这些浮雕象征的是工作中的艺术家们和他们所从事的商业艺术行为。照片里的这两块浮雕给人一种非常具有现实意义的生动感，上面那块浮雕中的女学生正拿着一块面料，在经历学院的系统学习后，将会成长为一位喜欢在学院隔壁的Tatler电影院等待着看上午场的淑女，下面那块浮雕上正抱着一个人台的男学生将会成为一位追随梦想的绅士。

1966年，Tatler电影院从放映新闻类和短篇题材电影转向播放欧洲大陆的性爱电影如《芬妮·希尔》（*Fanny Hill*），就在同一年，伦敦市中心的常驻客弗兰克·诺曼（Frank Norman）和杰弗里·伯纳德出版了一本描述该区域丰富地形的摄影作品集，名为《苏豪区的日日夜夜》（*Soho Day and Night*）。该摄影集中，在记录Foyle's书店和French House酒吧页之间，有一张照片拍摄的是下午时间，一位正坐在一张椅子上熟睡的人体写生模特，这位模特除了头上的爱丽丝款束发带和脚上的一双拖鞋外，全身赤裸着。这三个地点的位置顺序与地图上标注的没有什么不同，排列在一条直线上，在这本摄影集中被一带而过。该摄影集中另一部分描述了在市中心生活的一天，"每天早上直到9点才真正醒来……兼职女服务员到达咖啡馆开始工作，她们每周可以拿到5英镑的薪水，外加小费，她们这样做只是为了在圣马丁艺术学院读书时不用伸手向自己的父亲要零花钱"。市中心的生活让学校与学生们都能够和谐地融入在一起，这是一个很好的现象。

背景图和右下图：查令十字路上教学楼外观，1939年。上图：沃尔夫冈·苏什奇茨基拍摄的查令十字路道路工程照片，20世纪30年代。左下图：熟睡中的“圣马丁的模特”摘自《苏豪区的日日夜夜》摄影集。

学院在希腊街上扩建出一栋附属教学楼，时装系就被安置在那里好几年，这里离市中心更近了，方便了学生们更好地融入伦敦市中心的生活方式。时尚印染课程导师娜塔莉·吉布森记得在20世纪70年代，她的印染工坊里有一扇秘密的门，门的另一侧就是希腊街，可以直接通往一家名为L'Escargot的餐厅，在巴里·迈尔斯（Barry Miles）的伦敦逆向文化调查中，他将位于迪恩街（Dean Street）79号的传奇俱乐部Billie's和英国摇滚乐队“闪电小子”（Blitz Kid）时代的开端描述为是时尚节目类的“研发部”。到了21世纪00年代中期，加勒斯·普回想起曾在希腊街上的一家名为Moonlighting的脱衣舞酒吧里举办过他的时装秀，“他还发现在脱衣舞酒吧里有一扇门可以直接通往学院的图书馆”。

1989年5月3日，电影制作人德克里·贾曼（Derek Jarman）在查令十字路的公寓中醒来，走到凤凰剧院的四楼上俯瞰学院教学楼的窗户反射出的天空景象，那天刚巧是圣马丁艺术学院正式入驻这里50周年，他决定绕道北上到国王十字车站去进行拍摄。他拍摄了一个场景“布吕格尔保留下来的记录”，场景里拍摄的是“一个男孩，他涂着黑色的指甲油，带着暗淡无光泽的珠宝配饰一瘸一拐地穿过车站的大厅，在一个小垃圾箱里乱翻寻找着什么”。那天晚上，贾曼在自己的日记中这样写道：“车站内吸引很多没有旅程的人，这里给予了他们温暖的栖息之地，这里有一个可以遮风挡雨的屋顶，可以给人一种处在城市枢纽中的幻想。”莫里森和贾曼都使用了“枢纽”（Hub）一词，他们所处的时代相隔有半个世纪，他们都用这个词指代城市中心的公共交通运输设施，但“在枢纽中”（in the Hub）的意思是指处在一个会有重要事情发生的地方或是在活动中作出重要的决定。出乎意料的是国王十字街区在1989年就已经是伦敦重要的中心枢纽地段了。

到了20世纪末，这个地段作为重要的火车终点站，周边聚集了众多穷困潦倒的人，很多公开化的毒品交易和卖淫活动使这里变得更出名。艾丹·邓（Aidan Dun）在描写这一地区的诗Vale Royal中感叹道：“夜幕降临，没有人愿意出现在尤斯顿以北的路上。”然而，火车站后面的废弃货场（Goods Yard）则是那些无所畏惧的夜店达人和“时尚的亡命徒”们熟知的去处。正如法比奥·派拉斯曾经描述的那样，他们是20世纪90年代初在圣马丁学院学习的那一代学生，夜店文化号召者菲利浦·萨伦（Philip Sallon）在1992年将他的夜店Mud从查令十字路上的Busby's（该场地是在1984年开始运营的）搬迁至货场（Goods Yard）的Coal Dorps（现在是购物中心）里面。

英国铁路公司试图在1987年重新开发该地，但由于当时处于经济低迷期，这个地方留给了那些狂欢者，他们热情洋溢地与这一地区的风貌充分融合在一起；艾丹·邓描述这个地方的人们“因为沉迷陶醉而变得放荡不羁”，将国王十字地段和车站下面行驶船舶的运河描述为“中间仅有一层轻薄面纱相隔的两个世界”。在这片备受尊崇的土地上，货场是由刘易斯·库比特（Lewis Cubitt）于1852年建造的，他也是国王十字车站的设计者。这个地方是运河与铁路之间的货运仓库和交汇处，产自约克郡的煤炭和林肯郡的小麦都被运送存放于此，供给伦敦居民生活所需。

克瑞格·格瑞恩（Craig Green），
时尚硕士学位毕业作品，2012年。

2012年9月，英国版*Vogue*杂志针对国王十字校区的时尚课程进行了相关报道，并委派专人对时尚硕士课程负责人路易斯·威尔逊教授进行了个人专访。专访照片中的她站在新教学楼屋顶的平台上，像置身在一艘设计感十足的现代主义风格的大型邮轮的甲板上，这艘邮轮顺势行驶过摄政运河，并莫名其妙地在此处抛下锚。相比这栋高大的新式教学楼，远处曾经气势恢宏的哥特复兴式建筑风格的高楼，建筑师乔治·吉尔伯特·斯科特爵士(Sir George Gilbert-Scott)设计的米德尔兰大酒店(Midland Grand Hotel)也显得有些相形见绌。

克瑞格·格瑞恩于2012年获得时尚硕士学位，他入学时是在市中心的旧校区，毕业于国王十字街区的新校区。他的毕业设计系列中有一套服装的上衣部分是用木条嵌在面料的合缝边缘。格瑞恩将自己的创作美学描述成是“自创的阳刚之气”，因为他的家庭是从事建筑和室内装修生意的，在他的作品中不难看出，他的美学观点受到了成长环境及家庭的影响。他在面料上部裁开一道缝隙，他的眼睛可以透过缝隙凝视外面的世界，他就站在那里，他的嘴巴也被覆盖着，他的身体成为抗议的标志。他从前能够接受他不理解的世界，但现在他开始与自己无法理解的这个世界争辩着；他身上穿着的这件上衣就成为他那不断思辨的灵魂在不安中游荡时的庇护所。

像斯蒂芬·史宾德、菲利普·萨伦、艾丹·邓和德里克·贾曼那样，他们通过运用自己的语言、生活方式、诗歌、影像表述了城市中心的变化与包容，格瑞恩则是用他的设计展现了与这个城市的对话与交流，他们是可以引领人们看清这座城市的人；这些人能指出这座城市即将发生的变化，什么是不符合社会发展趋势的，或是即将逝去什么，而学院所在的城市中心为适应其结构所能承受的一切，在不断地延展变化中。

时尚亡命徒万岁！

上图：路易斯·威尔逊。背景图：国王十字街区新教学楼粮仓大楼（Granary Buliding）外部，约2011年。

# 莎拉·格雷斯蒂（Sarah Gresty）

课程主管

莎拉·格雷斯蒂曾在布莱顿艺术学院学习针织设计。1988年，她在毕业之后搬到了巴黎，在那里工作生活了10年，先后任品牌Kenzo Jungle和Kenzo Jeans的针织设计师，同时为品牌Balenciaga[当时该品牌的创意总监是约瑟夫斯·蒂米斯特（Josephus Thimister）]，Martine Sitbon，Chanel和Chloé设计胶囊系列。她在1998年回到伦敦，继续任品牌Kanzo的针织设计顾问，并将品牌Karl Lagerfeld，Versace和Cacharel都列入了她的候选合作名单里。

同时格雷斯蒂也开始在中央圣马丁艺术学院执教。1998年，她的好友朱莉·弗尔霍文（Julie Verhoeven）无法继续教授时尚女装学士学位课程，将她引荐入学院任该课程的代课导师。“她甚至都没有更改合同，就直接叫我去接替了她的职位。朱莉已经准备好了教学大纲，所以我就开始针对学生一对一的个人辅导教学。”霍华德·坦吉（时尚女装学士学位课程学术主管）对她的教学方法印象深刻，他想请格雷斯蒂能够更深入地教授更多课程，很快她就把自己的业内经验引入了针织设计课程的教学。

格雷斯蒂说道：“我被吓坏了，我太害怕了，因为我觉得自己不属于那个精英阶层，他们都是非常有才华的人。朱莉是在五月份通知我的，我计划十月份去授课，但因为学院的超强人气让我感到非常紧张。我就在想我到底应该穿什么去学院。当我大学时期的朋友们知道我在这个学院任教时，都会追问我，我是如何解决穿什么去上班的问题的。”

当格雷斯蒂进入学院后，她的焦虑一下就消除了。“你一来到这里就会遇到很多优秀和有趣的人，实际上，这里有很多志趣相投的人。所以我的顾虑很快就消失了。我突然意识到自己喜欢这里的原因是这里的人们都愿意和你真心相处在一起。除了这里你怎么可能再去别的地方工作？你突然会发现在这里可以感受到真实的自己，我相信我的学生们也有同样的感觉。”

2006年，格雷斯蒂任时装与针织设计学士学位课程的学术主管，并通过重新定义该课程的学术内容，确立了她在中央圣马丁艺术学院的职权。如雕塑般的和三维立体的针织设计概念已经不复存在了，取而代之的是创新的理念。她鼓励学生尝试手工

编织技术和开发新的编织技巧，要勇于审视自己的设计意图与理由。“为什么要设计一些你在市面上可以买到的设计？”格雷斯蒂会建议和鼓励她的学生要去创作不曾被人创作过的设计。

她倡导创意与幻想，培养了众多优秀的学生，包括克雷格·劳伦斯（Craig Lawrence）、莫莉·戈达德（Molly Goddard）、卢克·布鲁克斯（Luke Brooks）、马蒂·波文（Matty Bovan）和菲比·英格里斯（Phoebe English）。2006年，她接替威利·沃尔特斯的职务，成为最负盛名的时尚学士学位课程主管，目前她负责领导五项时尚类选修课程和一支非常敬业的教师团队。

她清楚地回忆起一次发生在她与一名时尚系最后学年的学生和威利·沃尔特斯之间的对话。“那个学生穿了一条很漂亮的阔腿皮裤，威利评论了一下他的裤子有多棒，然后那个学生回答说‘我才刚意识到，我只剩下三个星期的时间可以穿这种样式的衣服了。’在听到他的话之后我在想，这是当然的，在这样的环境下，我们教职员工和所有的学生都可以很随心所欲地展现自己想要的样子，这就是这所学院最具魅力的地方。”

格雷斯蒂着重强调在时尚行业里，考虑长远的发展方向和遵守道德行为是很重要的。她说：“我希望学生作出的每一个决定都要从可持续性的角度来考虑未来，我们不能就这样任意发展下去，只知道获取越来越多的东西，而不去考虑这可能会对我们的世界和子孙后代造成怎样的损害。”

人们总是认为时尚课程和我们所处的时尚环境是过于表面化且很肤浅的，但是事实却是完全相反的，格雷斯蒂解释道：“在这里，我们与学生之间的所有交谈内容几乎都与时尚没有太多关联。我认为自己属于这里，作为时尚系的一员我怀着这份使命感要忠诚和保护好这里的一切。”

格雷斯蒂认为中央圣马丁艺术学院的独特之处就是尊重每个个体，认同古怪的行为，接受和培养个人性格与特征。“我觉得有很多地方都在试图给人们设定统一的标准。但是当你进入中央圣马丁艺术学院时尚系时就会发现，这里聚集了性格各异的人。我们不希望这里的所有人都是一个样子。我希望当学生来到学院时，对这里的环境有彻底的安全感，并能够满怀信心地去探索他们所质疑的每一件事。”

对页图：时尚课程负责人莎拉·格雷斯蒂。背景图：国王十字校区的针织教室，2019年。

# “白色主题时装秀”

The White Show 2002
Under the Stairs
The White Show
4pm Friday December 13th
Charing Cross Rd
London


每年的圣诞假期前，所有时尚系的一年级学生都要参加一场场面极为壮观的白色主题时装秀来结束自己的秋季学期。

这是学生们在第一学年完成的一个长期课业项目的成果展示，这个课业内容要求一年级学生用价格适中的棉布或毛毡面料设计、剪裁和制作出全套白色的服装。在街道的高处是粮仓大楼（Granary Buliding）内最繁忙的中央通道，模特穿着学生设计的服装列队行进在中央通道上并穿过两座桥进行展示——在这个场面壮观的发布秀上会展出一百套被选中的服装，来参加展示的模特有被拉来的朋友、教职员工还有在校学生。

时装秀的概念和编排是由时尚传媒与推广课程专业的学生们负责：时装秀的邀请函可能会被放到你的杯子上或是坐垫上。当黄昏降临时，学院下午的业务会被临时暂停，现场布置就绪，教室里挤满了学生、助手和各种处于穿脱状态的模特，还有些人在忙于整理妆发；同时等待看秀的观众们挤在通道周边所有可以用来观看的角落和缝隙间，还有些观众则在符合健康与安全条款的前提下簇拥在楼梯井上。当戏剧性的灯光亮起，伸展台上烟雾缭绕，震耳欲聋的音乐响起，那一套套超凡脱俗的服装在围观者身边经过时，让人兴奋不已，并对这场成果的展示充满了期待：当一条巨大的横幅在桥上展开时，被包裹在里面的纸屑、银箔、羽毛和亮片像飘落的雪花一样纷纷散落在下面的街道上，让在场的人们及时赶上了这个圣诞节。

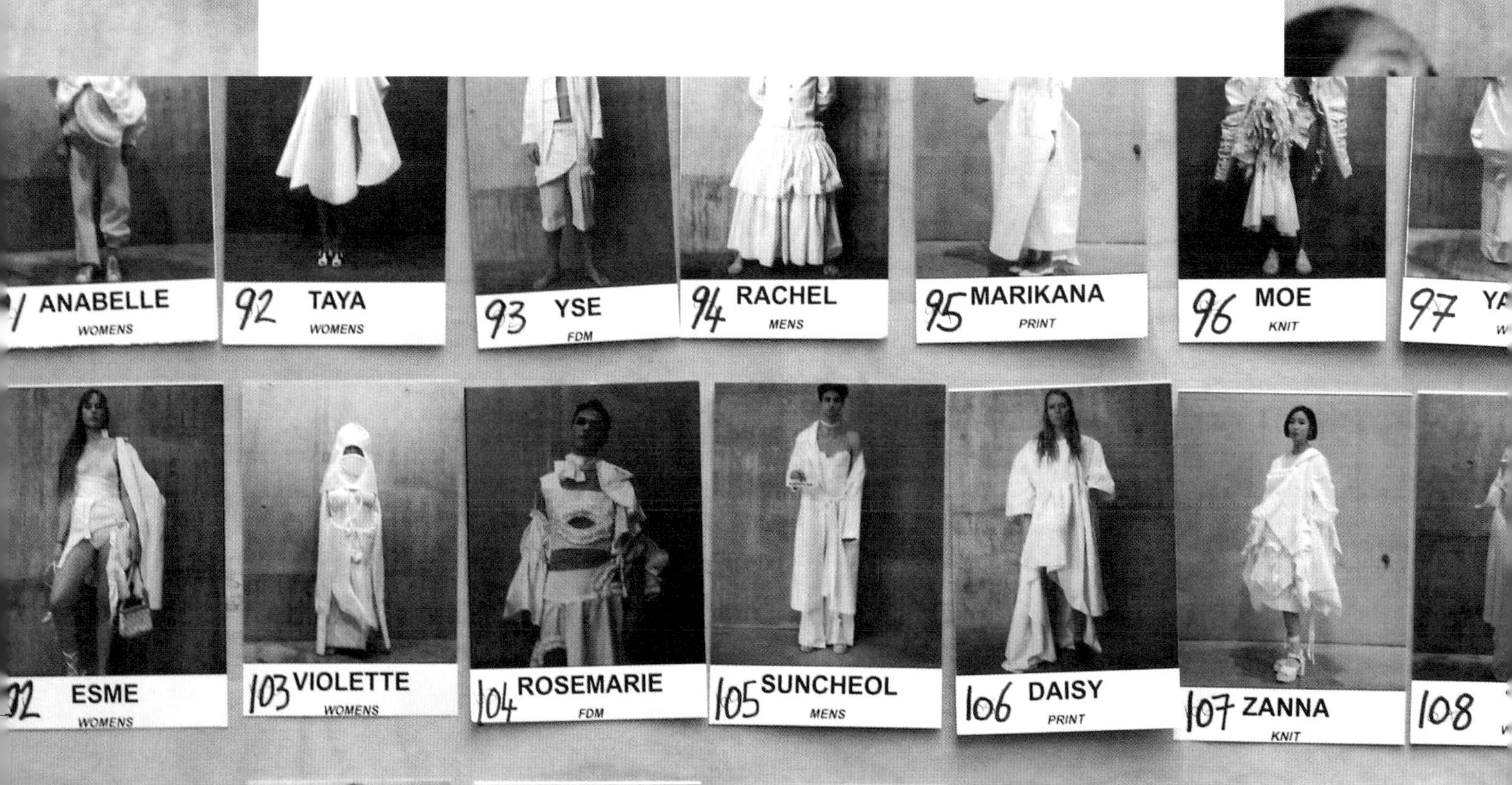


左上图：白色主题时装秀邀请函，2002年。下图：白色主题时装秀出场排序，2016年。

背景图：白色主题时装秀候场模特，2016年。左上图：白色主题时装秀，康纳·艾夫斯（Connor Ives）的设计作品，2017年。右上图：白色主题时装秀，佐伊（Zoe）的设计作品，2016年。

背景图：白色主题时装秀候场模特，2016年。上图：2003年的白色主题时装秀。对页左下图：白色主题时装秀，Lyn La Yuang的设计作品，2016年。
对页右下图：白色主题时装秀，玛歌·拉弗尔（Margaux Lavevre）的设计作品，2016年。

## 克瑞格·格瑞恩（Craig Green）（学士学位 2010年，硕士学位 2012年）

### 时装设计师

克瑞格·格瑞恩在中央圣马丁学院完成预科课程学习之后，继续攻读该学院的时尚印染学士学位课程。他被学院的氛围和活力所吸引，是时尚系学生中每天最早进入学院和最后一个离开的人。他在校学习期间深受沃尔特·范·贝伦东克（Walter van Beirendonck）、亨利克·维斯科夫（Henrik Vibskov）和本哈德·威荷姆（Bernhard Willhelm）几位设计师的影响，他们的创意理念是时尚可以是任何事，可以是来自任何地方。随后格瑞恩跟随路易斯·威尔逊攻读时尚硕士学位课程，并于2012年毕业，他的硕士学位毕业设计是一个极具创新理念的男装设计系列，是融合了几何、雕塑与纺织设计元素的创作。

“我喜欢路易斯·威尔逊是……她非常无所畏惧地去鼓励你做自己想做的事，无须任何顾虑，要充分享受大学的生活和这里所做的一切。她让我意识到……不必刻意地强求做到尽善尽美。**即使到了最后一刻，一切都是可以改变的。做一件事花了你很长的时间并不意味着你就做得很好，即使你做得很快也不一定就会做得好。你还是可以推翻之前所做的事再重新开始。**

格瑞恩曾获得的荣誉奖项包括：2014年的英国时尚大奖新晋男装设计师奖；2016年的英国时装协会BFC/GQ男装设计师基金奖；2016年、2017年和2018年的英国年度最佳男装设计师奖，以及2018年作为第94届全球最大男装展示平台Pitti Uomo的特邀男装设计师。

“要非常、非常、非常努力地工作，永远不要要求别人做你自己不愿去做的事……如果你热爱你的事业，就要终其一生，没关系，因为活着就需要工作，要献身于自己的事业。”

克瑞格·格瑞恩时尚学士学位毕业秀，2010年。

克瑞格·格瑞恩时尚学士学位毕业秀影像定格图，2010年。

本页图和对页图：克瑞格·格瑞恩时尚硕士学位毕业设计作品，2012年。

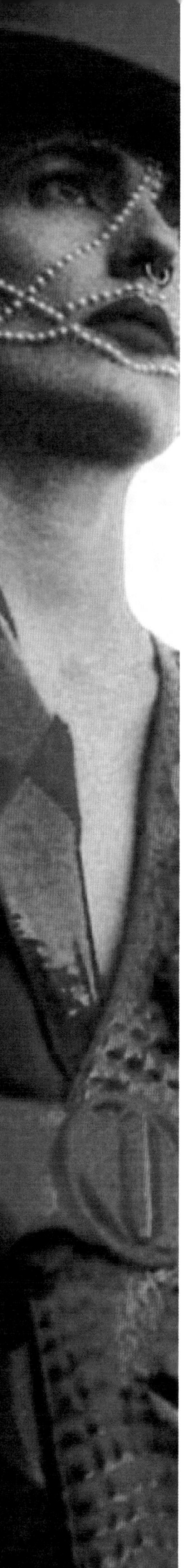

# “对抗”

塔姆辛·布兰切德（Tamsin Blanchard）撰文

一代又一代的学生们都选择用他们的毕业秀来表达自己的观点，无论是带有政治倾向性的、代表个人的、反映现实环境的、颠覆性的、性别方面的或是其他。最好的时尚作品能展现作者对事物的真实看法与观点。有时候，作品会呈现与创作预期相反的效果，你也可以利用这种截然不同的效果去做一些不同的尝试。时尚硕士课程学年指导教师路易斯·格雷（Louise Gray）说：“他们必须要有自己的看法。”

在过去的几年里，我们需要面临和应对很多问题，如控制入学学生人数、严格把控助学贷款利率、英国脱欧、排外心理、民族主义、城市改造问题，还有租金上涨、全球变暖、快时尚、性别工资差距等诸多问题，更不用说唐纳德·特朗普的崛起，为那些带有左倾和右倾思想的时尚系学生们提供了源源不断的创作素材，活跃了他们的创意思维。

英国脱欧对年龄在18~24岁的一代年轻人来说，是最具决定性意义的时刻，其中有75%的年轻人投票支持继续参与欧盟公投。对就读中央圣马丁学院的这一代学生来说，他们的政治倾向形成期是几代人中经历过的最动荡的时期。如果2016年这届毕业生的设计作品没有展现任何有关这段历史时期和政治动荡事件的影响，那一定出了严重问题。时尚必须要反映出与时代、氛围、政治（以及地域）倾向性有关的种种问题。

对学士学位毕业生菲利普·埃利斯（Philip Ellis）来说，他对当下英国国内普遍存在的诸多社会问题和表面看似安定、内在却充斥着无法控制的各种弊端的假象感到不安与愤怒。他对BoF（Business of Fashion，时尚网站）时装商业评论表示：“我更倾向左翼（探讨政治话题会让媒体注意到你），伴随着紧缩政策的加剧，英国国民医疗服务体系（NHS）被抛售一空，以及欧盟公投的结束，我的左翼激进主义思想开始滋生并酝酿创作了我的毕业设计系列。在创作中我参考过约翰·布尔默斯（John Bulmers，英国摄影记者）拍摄的一些照片，是有关北英格兰和英国社会人文的资料照片，我将部分节选照片印制在了基本款的足球衫上。”

*Dazed Digital*电子杂志在报道描述埃利斯的毕业创作时，也强调了他的反脱欧情绪。埃利斯在采访中说：“我认为衣服会在你的日常交流沟通中起到至关重要的作用，在某种意义上来说，时尚本身就带有政治性。”他对时事体制的愤怒情绪不仅为他的创作提供了真实的叙述题材，同时还赋予了该系列所具有的时代意义和创作价值。

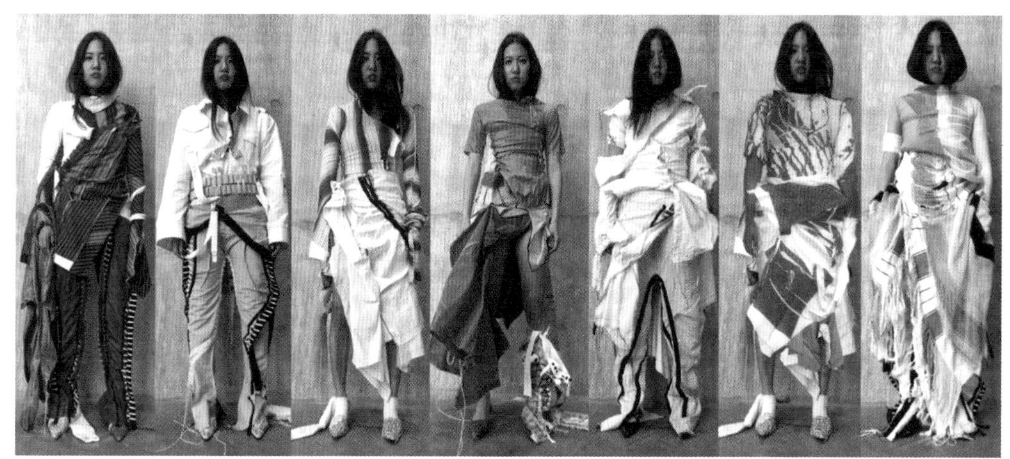

名为“#ENCORE”的非官方的中央圣马丁艺术学院毕业秀，2015年，谢琳·阿琪琪（Sheryn Akiki）是“#ENCORE”创办人之一。（该毕业秀是由一批因落选中央圣马丁艺术学院官方毕业秀的毕业生们聚集在教学楼外表演的一场即兴时装秀。）

随着学生群体日趋国际化，所关注的政治与环境问题也越来越多。欧莱雅专业设计大奖获得者谢琳·阿琪琪（Sheryn Akiki）就是通过自己的设计系列就西方对中东的态度发表了一次强有力的声明。出生于贝鲁特的阿琪琪在2011年来到伦敦，她说："出于我的潜意识原因，我必须要这样做。我觉得自己在这里变得一年比一年更加愤怒和沮丧，媒体过度夸大了IS和叙利亚战争，数百万寻求庇护所的流亡难民被当成赢得选举的筹码，被当成球一样踢来踢去，不安定和恐惧症转化成仇恨，所有的媒体都对中东、阿拉伯的男性和女性持有刻板的成见。"她把所有的愤怒都转化到自己的创作中，创作出的设计系列名为"蓝色指数"（The Blue Index），意指用食指蘸着墨水在选举中进行投票。

人们对试图改变既定制度的兴趣越来越大，特别是在研究可持续性的时装设计方面。2016年约翰·亚历山大·斯凯尔顿（John Alexander Skelton）在他的时尚硕士学位毕业设计系列中就完全受到本地历史风格的文化影响，采用的都是产自当地的原材料和制作工艺，而凯文·吉曼尼尔（Kevin Germanier）在2017年的名为闪耀的"Ecogram"的毕业设计系列里有意识地应用了许多重新回收再造的珠子。

通常，用服装来表示对抗都是个人的行为，是学生们对自身的文化价值观和曾接受过的教育方式的反抗，比如迪拉拉·芬迪科格鲁（Dilara Findikoglu），她说："我想创作一个让各种信仰体系都滚蛋的设计系列。"她想通过创建自己的规则来表达自己对宗教的愤怒攻击和对妇女不平等的陈旧看法，用她那灵巧的手指创作出精美的作品来对抗那些阻碍妇女前进的陈旧思想。

当芬迪科格鲁的毕业创作没有被选中参加官方的毕业秀时，她认为这是对她个人的侮辱。"如果你相信某件事，你就必须为之而奋斗。"因此她创办了一次游击队式的毕业秀，名为"#ENCORE"，它举办的时间刚好是媒体记者们都聚集在学院内的粮仓广场观看学院官方毕业秀的当晚。"#ENCORE"的举办是一个非常有效的做法，确保了那些没有被选中的学生作品可以被媒体和公众们看到，同被入选的作品一样得到关注和讨论。芬迪科格鲁说："这不是对学院的抗议，是我们有权利被媒体看到。"这场非官方的展示秀已经成为一个固定节目，证明了对抗是可以出现转机的。只要有志向，没有中央圣马丁学院的学生们办不到的事。

背景图和本页图：名为"#ENCORE"的非官方的中央圣马丁学院毕业秀，2015年；迪拉拉·芬迪科格鲁（Dilara Findikoglu）创办的"#ENCORE"秀。

## 格蕾丝·威尔斯·邦纳（Grace Wales Bonner）（学士学位 2014）

时装设计师

**在中央圣马丁艺术学院学习期间有令你记忆深刻的事吗？**

我要感谢我在学院遇到的人们，是他们向我介绍了创作和制作衣服的可能性。我从我的同学和我们这一代的学生们身上学到了很多，**在我的学习发展过程中学到的最重要的部分是合作**。

左图：格蕾丝·威尔斯·邦纳时尚学士学位毕业秀，2014年。右图：格蕾丝·威尔斯·邦纳时尚学士学位毕业设计手绘效果图，2014年。

背景图：格蕾丝·威尔斯·邦纳时尚学士学位毕业秀，2014年。左图：格蕾丝·威尔斯·邦纳时尚学士学位毕业设计手绘效果图，2014年。

## 查理斯·杰弗瑞（Charles Jeffrey）（学士学位 2013年，硕士学位 2015年）

时装设计师

**中央圣马丁学院用了什么样的教学/授课方式对学生们产生了如此深远的影响？**

我发现中央圣马丁学院的非线性教学方式对我的影响最大。你可以让一位导师帮你找到某个主题或某个特定的设计师、艺术家或历史运动进行研究，然后另一位导师会告诉你准备一辆装满香蕉的手推车摆放在你的房间里，拍摄时装片时可以作为场景布置道具应用，那次拍片进行了三天（这是个真实的故事！），他们都在帮助你在创作之初学会掌握自己独树一帜的研究方法。

上图：查理斯·杰弗瑞，约2015年。下图：查理斯·杰弗瑞时尚学士学位毕业秀，2013年。对页图：查理斯·杰弗瑞时尚硕士学位毕业秀，2015年。

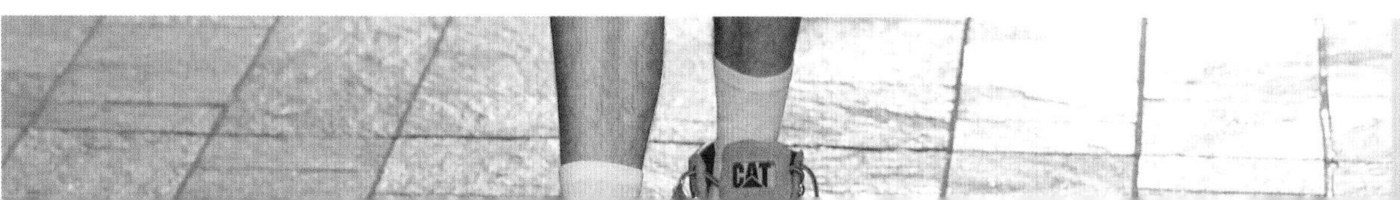

2010

# 马蒂·波文（Matty Bovan）（学士学位 2013年，硕士学位 2015年）

时装设计师

**你在中央圣马丁学院学到的最重要的三件事是什么？**

1. 要努力工作，也要知道适可而止。
2. 要开心。
3. 坚持己见。

**对那些有志向和正在学习时尚的学生有什么建议吗？**

不要试图为了一份工作，或在创作自己的作品时忘记做真实的自己。你要充分发挥自己的长处。不要被周围的人和事所困扰。做事要持之以恒。不要将一切都看得太重。

对页图：马蒂·波文，约2015年。本页图：马蒂·波文时尚学士学位毕业设计作品，2013年。

initial
collapse
spot
Bring in
to leg more
- so can walk.
+

对页图：马蒂·波文时尚硕士学位毕业设计作品，2015年。左图：马蒂·波文时尚硕士学位毕业设计手绘效果图，2015年。右图：马蒂·波文时尚硕士学位毕业秀，2015年。

## 莫莉·戈达德（Molly Goddard）（学士学位 2012年）

时装设计师

“我真的很喜欢这里的时尚学士学位课程，我记得莎拉·格雷斯蒂曾特别强调说，可以将我的设计变得再大一些，要去深入探究。整个设计探究的过程是非常有趣的，而且超乎我想象的是，制作一件衣服竟会用那么多布料。你知道，我设计制作的每一件衣服都需要大概40米的布料。那时我可以做我想做的设计，没有受到任何限制，所以这真是一个很棒的课程，很值得去学习。”

莫莉·戈达德

对页图和本页图：莫莉·戈达德时尚学士学位毕业设计作品，2012年。

本页图和对页图：莫莉·戈达德时尚学士学位毕业设计，2012年。

2010s

詹姆斯·忒修斯·巴克和瑞巴·梅伯瑞（Reba Maybury），约2012年。

## 卢克·布鲁克斯（Luke Brooks）（学士学位 2009年，硕士学位 2012年）与詹姆斯·忒修斯·巴克（James Theseus Buck）（学士学位 2013年，硕士学位 2015年）

时装设计师（品牌Rottingdean Bazaar）

尽管卢克·布鲁克斯和詹姆斯·忒修斯·巴克都曾在中央圣马丁学院攻读时尚学士学位和硕士学位，但他们是不同学年的，相互之间没有任何交集，直到他们作为模特同时出现在时尚硕士课程导师朱莉·弗尔霍文（Julie Verhoeven）制作的名为《舒适与快乐》（*Comfort and Joy*）的影视录像中，这是朱莉为解读《性爱圣经》（*The Joy of Sex*）一书的纪录片所制作拍摄的。在这段影像视频中，她需要背部毛发较多的人，卢克和詹姆斯也都愿意出演。在拍摄之后，他们一起喝了一杯并就此开始了合作，共同创立了品牌Rottingdean Bazaar。

巴克和布鲁克斯都在英国东萨塞克斯郡（East Sussex）的罗廷丁（Rottingdean）居住和工作，他们从一家名为Hampstead Bazaar的精品店的名字里借来“Bazaar”一词命名他们的品牌名称，于2015年推出了他们的合作品牌Rottingdean Bazaar。最初他们设计创作了一系列徽章，后来这成为他们的重要设计品类“趣味徽章”（Badge Taste）系列，现在他们的合作包括时装设计、艺术指导和创意造型工作。

## 詹姆斯·忒修斯·巴克与中央圣马丁

瑞巴·梅伯瑞（Reba Maybury）撰文

詹姆斯·忒修斯·巴克时尚硕士学位毕业设计作品，2015年。

在2009年，当我第一次走过位于查令十字路107-109号的学院走廊时，我被学院内那与众不同的能量与内涵所震撼。你来到中央圣马丁学院是为了改变世界，为了理解时代潮流趋势是如何产生的，圣马丁学院的时尚之所以有如此超前的发展，是因为其在公共领域内所作出的反应，**那就是帮助处在思想发展阶段的学生们重新构建了他们对性别、种族和阶级的新期望**。

入学的第一天，我遇到了詹姆斯·忒修斯·巴克。他戴着一顶黑色的假发，脚上穿一双紫色尖头皮鞋，画着厚重的彩妆，穿着一件蓝色皮毛一体的60年代款式的外套。我当时感到非常幸运，居然遇到这样一位装扮如此独具风格的人。现在詹姆斯和他的搭档卢克·布鲁克斯开始合作推出Rottingdean Bazaar，意在创造一个融合了荒诞与细致、艺术与时尚相结合的品牌。

马蒂·波文是我入学第一天认识的另一位朋友。他高大的身躯穿着他自制的撞色荧光色立绒外套，我从未见过那样的气势，他的装扮令我耳目一新。很快我又认识了麦克思·艾伦（Max Allen），他现在是伦敦地下最重要和最有气势的变装皇后……还有爱德华·马勒（Edward Marler）的颠覆性复古设计师的前卫造型……我喜欢路易斯·巴克豪斯（Louis Backhouse）的珍珠耳环和紫褐色的唇膏，身穿超大号的西装外套搭配裁短的裤子和军靴。

这些人改变了我的生活。他们帮助我改变了我的认知和我对什么是可以接受的、原创的、新的、冒险的、有趣的事物的看法，令我无法想象的是，除中央圣马丁学院以外的任何地方是否还能再见到他们。

左上图和右上图：詹姆斯·忒修斯·巴克时尚硕士学位毕业设计作品，2015年。左下图和右下图：卢克·布鲁克斯时尚硕士学位毕业设计作品，2012年。

## 理查德·奎因（Richard Quinn）（学士学位 2014年，硕士学位 2016年）

时装设计师

**你在中央圣马丁学院学习期间有令你记忆深刻的事吗？**

即使学习期间会有各种压力，但还是有很多美好的回忆，因为我是少数有机会进入学院学习的一名幸运儿。尽管我日常大部分时间都是在印染教室里，但还是很开心，因为那里有教我印染的技术人员伊莫根、丽塔和琼。我从他们那里学到了很多印染技术，在那里他们与我一起专注在印染创作中。总之，那里的每个人都给予我很多帮助与支持，我不想只选择其中一位成为朋友，而是想同他们全都成为朋友。不过，我真的希望可以将自己埋葬在中央圣马丁学院的印染教室里。

**你在学院学到的最重要的三件事是什么？**

1. 要持之以恒。
2. 要有远见。
3. 提出好的建议。

**对那些有志向和正在学习时尚的学生有什么建议吗？**

要去争取。如果你有激情和渴望，要去创造一个愿景，那就放手去做吧，除了你自己没有任何事情能阻碍你！

上图：理查德·奎因时尚学士学位毕业设计作品，2014年；理查德·奎因制作的毕业设计拼贴效果图，2014年；理查德·奎因的时尚学士学位毕业秀，2014年。

理查德·奎因的时尚硕士学位毕业秀，2016年。

# 利亚姆·约翰逊（Liam Johnson）（学士学位 2016年，硕士学位 2018年）

## 时装设计师

利亚姆·约翰逊是在威尔士南部长大的，他在获得了中央圣马丁学院预科课程的入学资格后，搬到了伦敦生活。随后他又获得了萨拉班德奖学金（Sarabande scholarship）以资助他继续深造，他获得了时装印染专业的学士学位，毕业后又继续攻读时尚硕士学位课程。在伦敦时装周期间，他的毕业设计系列开启了时尚硕士学位毕业秀的序幕。他设计的衣服采用了基础色调、意想不到的纹理，还有印染的弹力紧身面料，它被巨大的带棱角或圆形的框架拉伸展开，并将框架垂坠于底部形成一个巨大的几何空间。他在硕士学位毕业之后搬去了纽约为品牌Calvin Klein工作。

本页图和对页图：利亚姆·约翰逊时尚硕士学位毕业秀，2018年。

2010s

# “Balenciaga合作项目”

2017年，在巴黎和伦敦两地分别举办了纪念传奇女装设计师克里斯托巴尔·巴伦西亚加（Cristóbal Balenciaga）的作品展示活动，这个展览是中央圣马丁学院、西班牙格塔里亚的巴伦西亚加博物馆和伦敦的维多利亚和阿尔伯特博物馆三方合作的展览项目。时尚女装设计与时装印染课程二年级学生们被邀请去位于西班牙北部设计师故乡的巴伦西亚加博物馆参观，馆长亲自带领学生们参观，学生们可以近距离地观看博物馆内馆藏完好的经典设计，可以更深入地了解与分析设计师那非凡的剪裁技巧与工艺。

“Balenciaga合作项目”，2017年。

受到启发的学生们回到学院被要求完成相关的课业项目，内容是“表现出具有现代感的剪裁方式”。学生们交出的课业设计作品是非比寻常的：就像是在教室里的一场时尚游行，这些服装色彩丰富，富有想象力，在技术上有所创新以致敬“时尚的缔造者”之名。

维多利亚和阿尔伯特博物馆馆长会在学生们的课业设计作品中为一个名为“时尚的运转”的服装秀进行筛选，这是一个很受公众欢迎的展示活动，被选中的作品将会在博物馆的艺术馆内进行发布秀展示。这次活动会吸引众多的人前来观看，该展示秀还会被录制发布在维多利亚和阿尔伯特博物馆的官方网站和谷歌艺术与文化数字平台上。海威尔·戴维斯（Hywel Davies）、梅兰妮·阿什利（Melanie Ashley）和中央圣马丁学院时尚传媒与推广学士学位毕业校友加雷思·赖顿（Gareth Wrighton）一起为巴伦西亚加博物馆设计制作了一个网站，并会在网站上记载发布关于该合作项目的相关内容与信息。

背景图："Balenciaga合作项目"学生印染设计，2017年。上图："Balenciaga合作项目"学生设计作品，2017年。

# “学生们的日常着装”

詹姆斯·安德森(James Anderson)撰文

20世纪90年代初，我还是中央圣马丁学院的一名学生时，每天都会花很长的时间考虑和决定应该穿什么，然后穿着打扮好再从家里出发去上课。我想说的是，我在学习上付出的和我为去夜店精心装扮所付出的努力一样多，但这绝对是在说谎。

我在大学时期的朋友们和我有同样的穿衣品位。我们会穿Westwood、高缇耶副线Junior Gaultier、Margiela、Stüssy、Michiko Koshino、Nick Coleman、洛杉矶潮牌Fuct、John Richmond的“破坏”(Destroy)系列，还有大量从慈善商店购买的二手衣服，以及从纽约进口的最新款运动鞋。我们相当自信得意，因为中央圣马丁学院的学生以“自命不凡”的装扮而闻名。不必说，在这个神圣的殿堂之外如果有任何人对我们的装扮指指点点，我们会不予理睬并认为他们是出于嫉妒，一点也不酷而且还很狭隘，而事后看来，这恰恰证实了我们在年轻时才会有的那种目中无人的傲慢态度。

如今，中央圣马丁学院已经占据了改造之后的粮仓广场(Granary Square)区域，那里曾经有一个巨大的废弃的巴格利仓库(Bagley's Warehouse)是我们常常去参加聚会的地方，那时的国王十字街区周围仍然是一个破旧、粗糙和危险的地方。我在中央圣马丁学院上学时，上课地点是在从前那个破旧的位于考文特花园的长英亩街上的教学楼内，现在那里已经被改建成为一家全新的品牌时装店，是来自瑞典的服饰品牌Arket，那栋被改建的教学楼可谓是伦敦在过去三十年里所发生过的巨大变化的典型例证之一。

在随后的几年里，时尚与风格也必然同时发生更替、变化、复兴、反刍、重塑和创新。当然还有某些特质始终如一地保持着。不论哪一天，如果你在那栋漂亮的维多利亚时期的粮仓大楼外闲逛，现在是中央圣马丁学院的入口处，你会看到源源不断的学生们从这里大摇大摆地经过，每一个的装扮都极具特色“风格”。这些装扮经常会引起附近的建筑工人或办公室的职员们的嘲笑和疑惑。可以想象这些学生在几小时以前装扮时的样子：从衣架上取下几件衣服开始试穿，看着镜子中的自己，调整再调整，然后再脱下来换上其他款式的衣服(可能现在他们看起来有些时尚感了)，再来一两张自拍照看看效果，直到完成！最终达到他们所预期的效果，就可以踩着猫步走向外面的世界了。

在中央圣马丁学院的教学楼内感觉会更有趣。作为一名已经“长大的”前中央圣马丁学院的学生，成为该学院讲师，在这里工作最令人愉快的一点是，在这里不仅可以看到这些有趣生动的装扮，还可以猜测他们的穿着、打扮和为什么要这样穿而间接感受观察的乐趣。

显然只有一小部分学生能负担起从头到脚穿的都是那些售价惊人的设计师品牌服饰；近年来，Balenciaga、Vetements、Comme des Garçons和Raf Simons这些品牌一直备受追捧。你会看到很多单色系搭配，许多夸张的廓形，还有很多是一身昂贵的完美组合。有的学生还会穿着新一季的秀款或是多弗街集市刚上架的新

款，你无时无刻不在被这些显眼的当季必备新品提醒着，中央圣马丁学院的学生都是走在当下时尚潮流趋势的最前端。

可以说，在这些极具创意的装扮造型中可以看出，学生对时尚的热情，勇于尝试的精神和各具内涵的表现力，展现出他们最真实的一面，更展现出中央圣马丁学院里那些勇于面向未来和性别意识模糊的着装风格。比如，图书馆里的那个男孩，他穿着一件1970年代风格的闪亮长款晚礼服，搭配一双运动鞋，身后背着书包，正在那里专心地看书。一个女孩冲向电梯间，身穿一件用手提包面料精心拼接缝制成的长款外套，这会给人一个时装可以再造循环的灵感启发。学院里有个传说中的人物，当他在忙于制版和缝制服装的时候，喜欢穿着皮革背带与铅笔裙的搭配。还有另一位传说中的人物喜欢每天穿一身橙色出入学院，就那样穿了一整年作为一个“概念”。（这确实是对时尚研究、提出想法和风格尝试的一种献身精神，这些中央圣马丁学院的学生们应受到肯定与尊重。）还有一位留着可爱淡紫色长发的工作人员。更有一位喜欢穿着一层淡黄色、一层淡粉色和一层灰绿色的轻柔雪纺纱，上面还带少许的钉珠装饰之类的，我可以就这样一直写下去，这些都是很值得被记录描写的时尚微缩影，就像任何有视觉冲击力的事物一样，他们应该被看到、被理解、被深入解读和讨论，而不是只通过静止的图像和肤浅的表象来妄加评判他们的穿衣风格。

在中央圣马丁学院这个大的风格实验室里，有肆意顽皮的、好奇的、冷酷的、挑衅的、可爱的、丑陋中透着美的、美丽过头的、浮夸的、令人惊异的、辣眼睛的、暧昧的、有野心的、政治外露的、模糊的、好笑的、大胆的、不妥协的、创新的，甚至更有可能会出现一种更为壮观的混搭风。

图片来源：follow @thats_so_csm on Instagram。

p254-p255图：位于国王十字街区的中央圣马丁学院的粮仓大楼，约2015年。p256-p257图：霍华德·坦吉亲手绘制的时尚系教职员工肖像画，1998年。

时尚系教职员工们。第一排：黛比·洛特莫尔（Debbie Lotmore）、克里斯·纽（Chris New，下）、尼尔·史密斯（Neil Smith）、大卫·卡波（David Kappo）、大卫·曼斯菲尔德（David Mansfield）。第二排：奥列格·米特罗法诺夫（Oleg Mitrofanov）、法比奥·派拉斯（Fabio Piras）、玛丽亚·尼西奥（Maria Nishi）、卡罗尔·摩根、（Carol Morgan）。第三排：安娜-尼科尔·齐泽（Anna-Nicole Ziesche）、克莱尔·罗宾森（Claire Robertson）、路易斯·洛伊佐（Louis Loizou）。第四排：路易斯·格雷（Louise Gray）、卡罗琳·艾文斯（Caroline Evans）、亚当·莫里（Adam Murray）。

时尚系教职员工们。第一排：弗利特·比格伍德（Fleet Bigwood）、罗杰·特雷德（Roger Tredre）、阿里斯泰尔·奥尼尔（Alistair O'Neil）、罗斯玛丽·沃林（Rosemary Wallin，上）、埃斯梅·杨（Esme Young）、克雷格·劳伦斯（Craig Lawrence）。第二排：艾丽莎·帕洛米诺（Elisa Palomino）、海威尔·戴维斯（Hywel Davies）、凯莉·布莱克曼（Cally Blackman）、梅兰妮·阿什利（Melanie Ashley，上）。第三排：海德尔·斯普罗特（Heather Sproat）、娜塔莉·吉布森（Natalie Gibson）、朱迪斯·瓦特（Judith Watt）。第四排：简·泰南（Jane Tynan）、马科尔塔·乌里洛瓦（Marketa Uhlirova）、莎拉·格雷斯蒂（Sarah Gresty）。

“这里没有依照传统的教学模式授课，不是在黑板上写上课程内容然后说‘好吧，我现在要给你们演示如何去制作一件衬衫的纸样板。’而实际上我们会说，‘让我们先去试想一下一件款式超棒的衬衫，不必过多担心这件衬衫的版型，这是之后需要解决的问题。’我觉得很多时尚课程都是从基础的螺母和螺栓开始构建砖墙的，但实际上时尚教育与基础构建理论并不相符。时尚教育是要培养学生们可以创造出美好的事物，我们更在乎的是当我们有一个好的想法时要如何去实现这个想法并创作出很棒的效果。”

克里斯托弗·纽（Christopher New）
中央圣马丁学院高级讲师

“我认为中央圣马丁学院的DNA就是没有设立明确的限制。有人会沉迷于个人的创作中，因为那是他们想要去做的事，所以技术人员也会表现得很泰然自若，不会妄加干涉。
我记得在20世纪70年代，当我走进印染教室时，看到有学生正在印制一幅勃起的裸体男性图案，它被平铺在桌子上，没有人会在乎：那又怎样？”

帕特里克·李·姚（Patrick Lee Yow）
中央圣马丁学院副讲师兼课程主管

“当我在录取学生的时候看重的是其个性化特质。我希望我的学生们是可以对行业指手画脚的而非听命于行业的人。他们必须要非常了解全球时尚行业的运转动向。他们要立志成为一位备受人们仰慕和尊敬的设计师，我经常这样告诉我的学生们。”

温迪·达格沃西（Wendy Dagworthy）
前中央圣马丁学院课程总负责人

“这里有世界上最好的时尚课程，因为这里没有硬性标准。显而易见的是，学生们在这里除了能学到技术，还会得到鼓励去深入探索，专注于自己的研究，并成长为拥有独立个性的人。”

娜塔莉·吉布森（Natalie Gibson）
中央圣马丁学院高级讲师

“我永远记得米瑞尔·潘伯顿曾对我说过的话，‘如果你能画出这件衣服，就肯定也能将它做出来’……我想是这句话‘解开了我所有的困惑’。”

霍华德·坦吉（Howard Tangye）
前中央圣马丁学院时尚女装设计课程负责人兼学术主管

“在教学中，相比时尚课程的教学，我们更重视学生们在课程之外所受到的影响。这些外部影响可以是流行文化、音乐、电影和夜店文化之类的。我认为这有点像在培养一名平面设计师被要求放眼于他们的领域之外；这样你就会成为一名富有创意思维的人。”

李·威多斯（Lee Widdows）
前中央圣马丁学院课程主管

“学生们所面临的挑战是要证明他们自己的想法，他们自己的身份认同；他们是谁，他们正在做什么。他们要接受我们的质疑，如‘证明给我看’，‘展示给我看你要表达什么’，因为我们不需要无思想的模仿者。我们很挑剔，并不断向他们提出问题。我们会问为什么，因为这可能是一套非常优秀的时装，一个非常棒的设计，但它永远不够好：你可以不断地去改进它。反思，这种在不断变化中追求尽善尽美的行为，应该是作为一名艺术家所必备的能力。

路易斯·洛伊佐（Louis Loizou）
中央圣马丁学院高级讲师

“任何人都是在失败中学习成长的。”

路易斯·威尔逊
中央圣马丁学院教授

“在中央圣马丁学院，你会看到人们很善于表现自己。我们认为这是理所当然的事情，因为在这里的每个人都应该是开放的、自由的，但事实上并非如此。有时候你更需要将自己从家庭和被寄予厚望的沉重压力下解放出来。在这所真正的艺术学院里，有一个在成立之初就被保留并传承至今的理念：在这里你有自由可以成为你想成为的任何样子，即使是最荒谬、最幼稚或最愚蠢的。”

法比奥·派拉斯
中央圣马丁学院课程总负责人

“我一直觉得中央圣马丁学院的时尚系会获得如此巨大的成功是因为这里一贯坚持英国艺术学院的教学理念，将来自不同社会背景、不同种族、不同信仰和不同性取向的人们融合在一起创造出非凡的奇迹。因此，这里已经成为世界上最有影响力的创意交流中心。”

达拉-简·吉尔罗伊（Darla-Jane Gilroy）
伦敦时装学院课程项目总负责人

“我更喜欢顽皮的学生，如果你总是压制他们并告诉他们不能这样做，不能那样做，那对他们不会有任何帮助。他们在学习的过程中，你也在学习，彼此间一直在互相学习。这是教育的必要部分：要学会与他人相处，学会融入这个世界。重要的不只是你学到了什么样的课程内容。”

埃斯梅·杨（Esme Young）
中央圣马丁学院指导教师

“米瑞尔·潘伯顿在检查我的课业时总是会选择用最恰当的表达方式进行评判，她会给予最具建设性的评价。在接近导师评审结束时，她会说：‘你很有成为明星的潜质！’尽管我不太相信这句话会成为现实，但确实增强了我的自信心。当然在我们的学生时期，我们中的大多数人在接受导师评审的过程中都得到了这种‘明星待遇’。我们都觉得能上她的课真的是太棒了，因为她会让我们觉得自己多少都有些天分。现在我已经是时尚系的一名教授，我会尝试以潘伯顿的方式来评审学生们的作品。如果你肯花费心思去探寻，就会发现每名学生身上潜在的明星特质。”

简·戈特利尔（Jane Gottelier）
时装与针织设计硕士学位
上海德稻教育

“我们不断地推动着学生努力前行……我们已经成功做到了我们所期待的最好成果。这是出于对学生们最严厉的爱，这份爱奏效了。”

苏·福斯顿（Sue Foulston）
中央圣马丁学院讲师兼指导教师

“学院的时尚教学策略是要求我们能够在秀上展示最好的设计作品，如果我们在每一次的展示和课业项目上不能把最好的创作展示出来，我们就不会被业内认可。正是因为这个教学策略可以让你为将来步入时尚行业做好充分的准备，如果你在这个行业内搞砸了，是不会得到同情与宽容的。”

詹姆斯·舍伍德（James Sherwood）
作家、策展人和播音员

“教学的道德价值观是要帮助每个学生实现自己的想法、梦想，而不是要重新审视他或她的思想。即使是最不可能实现的观点也是要得到尊重的。”

德鲁西拉·贝弗斯（Drusilla Beyfus）
中央圣马丁学院高级导师兼记者

“我认为中央圣马丁学院鼓励学生们要打破旧习和大胆不羁，特别是对20世纪80年代的那一代毕业生而言，他们在进入时尚界发展之时对男性和女性的着装几乎少有先入之见。将规则都摒弃，直到今天我们仍可以看到其带来的后续影响力。尤其是性别流动性的概念再一次走向了时尚的前沿，并已融入文化与政治主流。那一代毕业生们所创造的影响力远远超过当时许多人的想象。”

杰里米·兰米德（Jeremy Langmead）
MR PORTER男版电商平台品牌与内容总监

# 致谢

我们要感谢所有过去和现在的教职员工们，是他们让中央圣马丁学院的时尚专业类课程备受瞩目，令该学院成为全球最受仰慕的教育机构。我们希望他们的奉献与投入都已经在书中得到了体现。在这里要特别感谢威利·沃尔特斯，她非凡的记忆力给予我们很大的帮助，同时要感谢时尚专业类课程的对外联系协调员梅兰妮·阿什利，以及杰出的高级行政官彼得·克洛斯。还要感谢中央圣马丁学院的保罗·莫鲁兹律师，以及汉娜·西姆。

我们非常感谢为我们撰写文章的同事和朋友们：詹姆斯·安德森、瑞贝卡·阿诺德博士、塔姆辛·布兰切德、达尔·乔达、克劳迪娅·克罗夫特、凯洛琳·艾文斯教授、卡琳·富兰克林、亚历山大·弗瑞、安德鲁·格罗夫斯教授、玛丽·麦克劳格林博士、瑞巴·梅伯瑞、员佐勋章获得者萨拉·摩尔、阿利斯泰尔·奥尼尔教授、格拉迪斯·佩林特·帕尔默、路易斯·瑞特、卢·斯托帕德、杰克·桑尼克斯、罗杰·特瑞德烈、朱迪斯·瓦特和林恩· R.韦伯教授。

感谢博物馆和当代系列藏品负责人朱迪·威尔科克斯（Judy Wilcox），还有她的同事莎拉·坎贝尔（Sarah Campbell）和安娜·布鲁玛（Anna Buruma），不论何时，她们在接到我们的到访通知后，都会为我们参观博物馆和查找存档藏品提供慷慨的帮助。我们要特别感谢安娜·布鲁玛，本书被作为2016—2017年时尚历史与理论专业最后一年的学生小组研究项目，她是负责监督该书初始档案研究的关键成员，研究小组成员包括：索菲亚·贝斯特（Sofia Best）、贾亚·巴夫纳尼（Jaya Bhavnani）、詹姆斯·克劳福德·史密斯（James Crawford-Smith）、Eun Ji-Cho、索尔斯·肯纳利（Saoirse Kennelly）、娜奥米·查理兹（Naomi Richards）、霍莉·罗伯茨（Holly Roberts）、Siuming Shang、安妮·玛丽·沃伊娜（Anne-Marie Voina）、科斯蒂·沃特斯（Kirsty Water）和拉赫尔·沃森（Rahel Watson），他们为本书做出了开创性的贡献，还要特别感谢作为研究助理的三位已经毕业的学生，朱莉·奥弗曼（Julie Offermans，学士学位，2018年）、娜奥米·理查兹（Naomi Richards，学士学位，2017年）和不可或缺的霍莉·罗伯茨（Holly Roberts，学士学位，2017年）。

我们还要感谢中央圣马丁学院学生杂志*1 Granary*的主编奥利亚·库里什丘克（Olya Kuryshchuk）和布鲁姆斯伯里出版社（Bloomsbury），还要感谢出版社的凯瑟琳·厄尔（Kathryn Earle）对我们的支持。

我们要感谢Thames & Hudson出版社团队，特别是责任编辑阿德莉·萨巴蒂尼（Adélia Sabatini），她的专业能力与热情令我们备受鼓舞；感谢不论何时都会耐心和积极帮助我们的科琳娜·帕克（Corinna Parker），还要感谢詹妮·威尔逊（Jenny Wilson）出色的文案编辑工作。

我们要感谢伦敦设计机构Praline的阿尔·罗杰（Al Rodger），感谢他在这个富有挑战性项目的设计理念上所发挥的魔力。

我们要对所有时尚专业系的学生和毕业校友们表达最深的感激之情，无论是出名的还是无名的，他们都以平等的方式在不断接受挑战，相互包容，从他们身上我们学到了很多也收获了很多，并且始终如一——这本书是献给你们的。


# 作者简介

**詹姆斯·安德森（JAMES ANDERSON）**任中央圣马丁学院时尚新闻与时尚传媒课程副讲师，同时任*i-D*杂志长期合作专题编辑，还经常为一些出版刊物撰写文章包括有：*Another Man*、*The Face*、*Sleazenation*、*Homme +*、*Fantastic Man*、和*GQ Style*，并与Goyard、Kickers、Swatch、Cerruti、Pringle of Scotland和LN-CC等多家品牌合作。他与Taschen出版社合作出版了多本时尚类书籍包括*Fashion Now*、*Fashion Now 2*、*Raf Simons*和*BUTT*。

**瑞贝卡·阿诺德（REBECCA ARNOLD）**是伦敦考陶尔德艺术学院服装与纺织历史课程高级讲师。她曾写作并出版过一本名为*The American Look: Fashion, Sportswear and the Image of Women in 1930s and 1940s New York*的书。她目前正在写一本新书，名为*Documenting Fashion: Dress and Visual Culture In Interwar America*。

**凯莉·布莱克曼（CALLY BLACKMAN）**于1972—1975年在中央圣马丁学院学习时装设计，2001年回到该学院教授时尚传媒学士学位的时尚历史与理论课程。她曾写作出版多本著作，其中有*100 Years of Fashion Illustration*, *100 Years of Menswear*和*100 Years of Fashion*，都是由Laurence King出版社出版的。

**塔姆辛·布兰切德（TAMSIN BLANCHARD）**是一名自由记者。她为*Guardian*、*The Gentlewoman*、*Tank*和*10*等一系列刊物撰写文章。她是Fashion Revolution时尚机构特别活动的策划人，还为其策划了Fashion Open Studio项目并编辑出版了该机构的两本杂志。她还担任*Hole & Coner*杂志编辑，她出版的著作包括*Green is the New Black*和即将出版的*100 Women – 100 Styles: The Women Who Changed the Way We Look*。

**达尔·乔达（DAL CHODHA）**是一本非季节性的时尚刊物*Archivist*的编辑。他为各类国际性刊物如*ModernMatter*、*AnOther*和*Wallpaper**撰写文章，还为杂志撰写每年两季的男装周发布秀报道。他还是多家奢侈品牌的时尚顾问，同时任英国创意艺术大学（University for the Creative Arts）在Epsom校区的时尚推广与形象学士学位课程负责人，曾任2015年发行出版的*PATTERNITY: A New Way of Seeing*一书的特约编辑。

**克劳迪娅·克罗夫特（CLAUDIA CROFT）**获得了中央圣马丁学院时尚新闻硕士学位。毕业之后，她的第一份工作是担任*Drapers Record*杂志的时尚专栏作家。她当时还出任*London Evening Standard*的时尚版面责任编辑，在2001年成为*Sunday Times's Style*杂志时尚专题总编，2017年任英国版Vogue杂志特约编辑。

**海威尔·戴维斯（HYWEL DAVIES）**是中央圣马丁学院的时尚课程项目总负责人。他是*Modern Menswear*、*100 New Fashion Designers*、*British Fashion Designers*和*Fashion Designers' Sketchbooks*的作者，这些书均由Laurence King出版。他还是作家集团公司（Writers' Bloc Ltd）的董事，这是一家连接品牌与时尚作家的数字机构。戴维斯在中央圣马丁学院攻读时尚传媒与推广课程，在获得了该课程学士学位后为各类报刊和杂志工作。他是*Sleazenation*杂志的时装编辑，同时为*GQ Style*、*Vogue*、*ELLE*、*Wallpaper**、*Nylon*、*Dazed&Conflued*、*Grafik*、

*Timeout*、*Tank*、*the Guardian*、《星期日电讯报》、《金融时报》、《观察家报》、《独立报》和SHOWstudio撰稿。

**凯洛琳·艾文斯(CAROLINE EVANS)**自2005年起开始担任中央圣马丁学院时尚历史与理论课程教授。她的著作包括*Women and Fashion*、*Fashion at the Edge*和*The Mechanical Smile*。她曾在多家国际性设计大学和学院做过讲座，并出任博物馆的顾问参与举办多次时尚展览。

**亚历山大·弗瑞(ALEXANDER FURY)**是一位时尚记者、作家和评论家。他是*AnOther*杂志的时尚专题总编和《金融时报》男性评论专栏总编。从2013年到2016年，他担任《独立报》《i 报》和*Independent on Sunday*报的时尚专栏编辑。他曾就读于中央圣马丁学院时尚历史与理论专业课程，于2007年毕业。

**玛丽·麦克劳格林博士(DR MARIE McLOUGHLIN)**毕业于中央圣马丁学院，任英国布莱顿大学的高级讲师，并在那里获得了她的博士学位，她的博士学位研究课题是“时尚，艺术学院和米瑞尔·潘伯顿在时尚教育学位等级设立中所起到的作用”。

**瑞巴·梅伯瑞(REBA MAYBURY)**是一位作家、讲师和自称是政治主宰者(political dominatrix)。她是Wet Satin Press的创始人，并于2017年出版了她的第一部中篇小说*Dining with Humpty Dumpty*。她的作品曾在多地展出包括纽约的P.P.O.W.、Gavin Brown's Enterprise和伦敦的ICA。她毕业于中央圣马丁学院，并获得时尚历史与理论课程的硕士学位，她现在在该学院负责教授时尚硕士学位的颠覆性思维课程。

**萨拉·摩尔(SARAH MOWER)**任美国版*Vogue*杂志的时尚记者和评论家，同时担任英国时装协会新兴人才大使和NEWGEN协会主席。她为提高英国时尚行业在全球产业内的知名度发挥了重要的作用。

**格雷厄姆·穆雷尔(GRAHAM MURRELL)**从1967年开始在中央圣马丁学院平面设计系工作。大约从1970年开始到1990年初，他经营一个独力的摄影部门与时尚系有着紧密的合作关系，特别是与伊丽莎白·苏特合作更为密切，为那些独立的学生(不以学历为目标的学生)和时装秀做拍摄记录。在这一时期，他还设立开办了研究生学历的摄影课程。2001年，他获得了英国新艺术中心的雕塑公园的驻场艺术家职位。

**阿利斯泰尔·奥尼尔(ALISTAIR O'NEILL)**是一位作家、策展人和中央圣马丁学院时尚历史与理论课程的教授。他是摄影和档案研究中心的成员，也是时尚理论编辑委员会的成员。他还经常为*Aperture*杂志撰稿。

**路易斯·瑞特(LOUISE RYTTER)**是时尚策展人、作家和网络媒体编辑。她是谷歌艺术与文化“We Wear Culture”项目的内容编辑，曾任维多利亚和阿尔伯特博物馆内“亚历山大·麦昆：野性之美”(Savage Beauty)艺术展的助理策展人。她写的第一本书*Louis Vuitton Catwalk: The Complete Fashion Collections*是在2018年由Thames & Hudson出版的。她曾获得中央圣马丁学院时尚传媒与推广课程的一等荣誉学士学位(First Class)。

**卢·斯托帕德(LOU STOPPARD)**是作家、策展人和节目主持人。她在时尚平台SHOWstudio担任了7年的编辑，与尼克·奈特(Nick Knight)密切合作。她经常为《金融时报》和各国版的*Vogue*杂志撰稿。她策划过多次摄影和时装展览。她的第一本书*Fashion Together*于2017年出版。2012年，她毕业于中央圣马丁学院，并获得了时尚新闻专业硕士学位。

**杰克·桑尼克斯(JACK SUNNUCKS)**于2012年毕业于中央圣马丁学院的时尚传播与推广专业。他来自伦敦，是*i-D*杂志的美国编辑总监，曾任*Love*双年刊的资深编辑，为*Dazed & Confused*, *AnOther*和*T*等多本杂志撰写文章。

**罗杰·特瑞德烈(ROGER TREDRE)**是中央圣马丁学院时尚传媒课程主管。他从事时尚新闻工作25年，在20世纪90年代为英国《观察家报》等多家媒体工作，随后担任WGSN.com的总编，在该时尚网站工作了7年。

**朱迪斯·瓦特(JUDITH WATT)**是中央圣马丁学院时尚新闻专业课程学术主管，在该学院任教超过20年。她还是一位时尚历史学家和作家，她写的书包括*The Penguin Book of 20th Century Fashion Writing*, *Ossie Clark 1965–74*, *Vogue on Schiaparelli* and *Dogs in Vogue*。她曾就读于英国考陶尔德学院并获得了服装史专业课程的硕士学位，目前她正在致力于研究整理一部时尚词典

**林恩·R.韦伯(IAIN R WEBB)**是一位获奖作家、策展人和学者。他为许多出版刊物撰稿，包括《纽约时报》和*Vogue*等。他的著作包括*Bill Gibb: Fashion and Fantasy*, *Postcards From the Edge of the Catwalk*, *As Seen In BLITZ: Fashioning 80's Style*, *Marc Jacobs: Unseen* and *Vogue Colouring Book*。他负责的策展项目包括有在ICA和Somerset House举办的展览。他现在忙于新的项目包括有研究约翰·加利亚诺在迪奥任期时的回顾，对超级造型师卡罗琳·贝克(Caroline Baker)的视觉思考，以及一本名为*Hang Onto Yourself*的时尚写作选集。

# 文本版权声明

**p.10** Quote from *The Queen: The Lady's Newspaper*, 2 February 1884; quote from Neville Wallis, *The Observer*, 7 August 1960; **14** Quote from John Russell Taylor, *Muriel Pemberton: Paintings* (exhibition catalogue), London, 1993, p.8; quote from Committee Notes, p.221, CSM Archive; quote from Winefride Jackson, *Sunday Telegraph*, 9 August 1964; **30-1** text taken from Iain R Webb, *Bill Gibb: Fashion and Fantasy*, London, 2008; **54** Quotes from Linda Watson, 'The Hotbed of Fashion', ES magazine, 15 April 1994; **86** Quote from Linda Watson, ibid.; **115** 'It showed me there were other people…' and 'Because I'd come from the East End…' quotes from http://www.bbcattic.org/britishstyle genius/content/21856.shtml; 'It was pretty extraordinary…', 'I never doubted his talent…' and 'It was about sabotage and tradition…' quotes from BBC documentary *The Works*, series 3, episode 9: Alexander McQueen, 'Cutting up Rough', July 1997; 'Voice in fashion' quote from *Purple Fashion* magazine, Spring/Summer 2007, issue 7: http://purple.fr/magazine/s-s-2007-issue-7/106; 'Lee's seminal shows…' quote from 'Savage Beauty Indeed', by Suzy Menkes, 10 March 2015: http://www.vogue.co.uk/article/suzy-menkes-alexander-mcqueen-savage-beauty; **148** Phoebe Philo quote in 'A change of scene for Central Saint Martins', by Alex Needham, *The Guardian*, 22 June 2011: https://www.theguardian.com/education/2011/jun/22/central-saint-martins-artists-designers; **228** Interview from 'On the days we wore uniform, everyone was equal', by Hans Ulrich Obrist, *System*, No.11, May 2018; **232** 'I am quite left-winged' quote from 'Top 6 Central Saint Martins BA Graduates of 2016', by Kati Chitrakorn and Tianwei Zhang, Business of Fashion, 1 June 2016; 'I think that clothes' quote from 'Philip Ellis is the designer creating anti-Brexit fashion', by Ted Stansfield, Dazed Digital, 1 June 2016.

# 图片版权声明

a = above
b = below
c = centre
l= left
r = right
bg = background

© Aberdeen City Council (Art Gallery & Museums Collections) 30-31
Courtesy of Chidi Achara 168bl
Courtesy of Sheryn Akiki 232b
© Bora Aksu 170ac
Courtesy of Jacques Azagury 39bl
Courtesy of Rebecca Barton 115
Courtesy of Chris Beetles 15cl & r, 30l
© Antonio Berardi 135bg
Courtesy of Antonio Berardi 134l
© Fleet Bigwood 96-7bg, 100-1bg
Courtesy of Fleet Bigwood 76
© Cally Blackman 39bc
Courtesy of Cally Blackman 167
© Sophia Blackwell (Keith-Roach) 37bl
© John Boddy 82ar, 83bl
Courtesy of John Boddy 89cr
© Hamish Bowles 72b, 73
© Matty Bovan 238-41
Chris Brooks 221a
© Linda Brownlee 173a
© Brian Buirge & Jason Bacher 98
© Joe Casely-Hayford 47bl & br
Courtesy of Central Saint Martins Fashion Archive 9, 32, 59a, 62, 64, 70b, 80-3bg, 82al, bl, cl & br; 83al, ac, ar, & cr; 86a, 88c, 90al, 91c, 92cl, 93c, 94-5bg, 98-9bg, 106-11, 116, 148a, 149-50, 155ar, 156br, 157a, 168br, 169c, 170bl, 172-73bg, 177b, 178-79, 198, 202r, 203, 204bg, 205ar, 206bl & br, 208-9, 214-15, 220r, 224-27, 230-31, 236-37, 242-43, 246b, 247, 248r, 249-51, 254-55bg
Courtesy of Central Saint Martins Library 50bg, 64-9bg, 114, 117-18, 132, 141, 144, 148b, 152-53, 162b, 163bl & r, 184-85, 204b, 205b, 228-29
Courtesy of Central Saint Martins Museum and Archive 10-11, 12-13bg, 15b, 16, 20-3bg, 24-7bg, 28-9, 36-7bg, 37br, 41cr, 48, 56al, c, bl, bc & br; 57, 70ab & bl, 71, 78br, 84-5bg, 88bl & bc, 89al, ar & br; 90ac, ar & br; 91ar, bl & br; 92al, ac, ar, cr, br & bc; 93al, bl & br; 127br, 130-31, 133, 134r, 135a & b, 139, 145, 151, 154al, 155al & b, 157b, 159a, 162bg, 163a, 169cr & bl, 171c & bl, 176-77bg, 176b, 181br, 182-83, 186l, 187, 188l, 190l, 196-97, 199bl, 200-1, 218-19bg, 219ar, 220-21bg
© Hussein Chalayan 128-29
Courtesy of Wendy Dagworthy 94
© Andrew Davis 170al
© Giles Deacon 136-38
© Susanne Deeken 93cr
© Robin Derrick 55ar
© Phoebe English 205al
Courtesy of Katherine Ferguson 168-69a

© Duggie Fields 79clb
Courtesy of Dilara Findikoglu 232-33bg, 233al & br
© Karen Fletcher 112bg
Courtesy of Shelley Fox 89br
Courtesy of Simon Foxton 75
Courtesy of Caryn Franklin 78al
Courtesy of Neil Gilks 169br
© Molly Goddard 243r, 244-45
Courtesy of Alexandra Gordienko 166, 208al, clb & bc; 209cl & cla, 217bl
© Katie Grand 122b, 123a & bl, 124-25
Courtesy of Louise Gray 168al
Courtesy of Liz Griffiths 15al, 21a, bl & r; 41ac
© Ashish Gupta 181bl
© Lauren Haslam 177a
© Roksanda Ilincic 158, 159b
© Katie Jones 217ar
Courtesy of David Kappo 155ar
© Ninivah Khomo 40br
© Wakako Kishimoto 127bl
© David Koma 199al, ar & br
Courtesy of Christine Koussetaris 55br
Courtesy of Dexter Lander 234l, 235bg
© Frank Leder 169bl
Courtesy of Patrick Lee Yow 89ac
© Liam Leslie 252-53
Courtesy of Tanya Ling 74
Courtesy of Todd Lynn 180
© Edward Marler 216bg
Courtesy of Marques and Almeida 206a, 207
Courtesy of Reba Maybury 246a
Courtesy of Stella McCartney 142
© Niall McInerney 213
Niall McInerney, Photographer. © Bloomsbury Publishing Plc. 54-5al, 66a, 68, 69ar, 90bl, 91al, 119, 120-21, 140bl & br, 143, 146, 147, 154br
© Linda McLean 40ar & br
Courtesy of Marie McLoughlin 22, 23a
© Aimee McWilliams 190r
© Edward Meadham 186r
© Savannah Miller 169ar
Courtesy of Oleg Mitrofanov 208bl & cr
Courtesy of Kristin-Lee Moolman 217al & br
© Kenny Morris 51
© Graham Murrell 8, 17bl, c & r; 18, 19, 23b, 34-5bg, 38, 39al, ac & ar; 40bc, 41bl, 44, 45, 47al, 50c, 56ar, 72al, 81b, 88br, 95, 122a, 127ar, 140al
© Mark C O'Flaherty 154bl
Courtesy of Sean O'Hara 93ar
© Megumi Ohki 40bl
Courtesy of Bruce Oldfield 46
© Mike Owen 49
Courtesy of Rifat Ozbek 47ar
Courtesy of Levi Palmer 170ar & cb
© Gladys Perint Palmer 24, 27
Courtesy of Elsa Palomino 89bc
Courtesy of Fabio Piras 102-5bg, 103, 104
Courtesy of Ted Polhemus 52-5bg, 58-61bg
Courtesy of Gareth Pugh 191-93
© Regina Pyo 216c
© Richard Quinn 248l
© Inacio Ribeiro 126
Courtesy of Clare Robertson 194
Courtesy of Simone Rocha 202l
© Mikel Rosen 40al
© Johnny Rosza 67
© Mark Rusher 80a
Courtesy of Jonathan Saunders 188r, 189
Courtesy of Jane Shepherd 91ac
© Hermione Skrine 39br
From *Soho Night* and *Day*, by Frank Norman & Jeffrey Barnard, Secker & Warburg (1966) 219bl
© Neil Smith 92bl
Courtesy of Heather Sprout 92cl
© Chris Sullivan 56ac
W Suschitzky 219a
Justin Tallis/AFP/Getty Images 101
© Howard Tangye 32r, 42, 43b, 45, 83br, 156bl, 171br, 174a, 256-57
Courtesy of Howard Tangye 43a
Courtesy of 'That's So CSM' Instagram Account 254-55
© Riccardo Tisci 160-61
© Kevan Tomlin 77
Courtesy of Julie Verhoeven 88al & ar
Courtesy of Grace Wales Bonner 234-35
© Gary Wallis 78bg, 86b, 87, 102, 113, 123br, 164-65, 171al, 174-75bg
© Iain R Webb 79crb
Courtesy of Iain R Webb 70ar, 79al, ar & cr; 79bl
Courtesy of Matthew Williamson 140cr
Courtesy of Esme Young 41ar

图书在版编目（C I P）数据
中央圣马丁时尚 /（英） 凯利·布莱克曼
（Cally Blackman），（英）海威尔·戴维斯
（Hywel Davies）编 ；刘芳译. --重庆：重庆大学出版
社，2021.12
（万花筒）
书名原文：Fashion Central Saint Martins
ISBN 978-7-5689-2829-8
Ⅰ. ①中… Ⅱ. ①凯… ②海… ③刘… Ⅲ. ①服装设
计－学院－校史－英国 Ⅳ. ①TS941.2-40
中国版本图书馆CIP数据核字（2021）第122847号

中央圣马丁时尚
ZHONGYANGSHENGMADING SHISHANG
〔英〕凯利·布莱克曼（Cally Blackman）
〔英〕海威尔·戴维斯（Hywel Davies） 编
刘芳 译

责任编辑：张 维
责任校对：关德强
书籍设计：M^OO Design
责任印制：张 策

重庆大学出版社出版发行
出版人：饶帮华
社址：（401331）重庆市沙坪坝区大学城西路21号
网址：http://www.cqup.com.cn
印刷：北京利丰雅高长城印刷有限公司

开本：889mm×1194mm 1/16 印张：17 字数：413千
2021年12月第1版 2021年12月第1次印刷
ISBN 978-7-5689-2829-8 定价：259.00元

Published by arrangement with Thames & Hudson Ltd,
London

For illustration credits, see p. 266-267
Designed by Praline: Al Rodger, David Tanguy

This edition arranged with THAMES AND HUDSON LTD
through Big Apple Agency, Inc., Labuan, Malaysia.


版贸核渝字（2020）第 106 号